# 住宅室内设计与应用研究

苏丽萍　唐文宝　著

湘潭大学出版社
XIANGTAN UNIVERSITY PRESS

图书在版编目（CIP）数据

住宅室内设计与应用研究 / 苏丽萍，唐文宝著．--
湘潭 : 湘潭大学出版社，2023.5
ISBN 978-7-5687-1134-0

Ⅰ．①住… Ⅱ．①苏… ②唐… Ⅲ．①住宅一室内装
饰设计一研究 Ⅳ．① TU241.02

中国国家版本馆 CIP 数据核字（2023）第 096734 号

**住宅室内设计与应用研究**

ZHUZHAI SHINEI SHEJI YU YINGYONG YANJIU

**苏丽萍 唐文宝 著**

**策划编辑：** 丁立松
**责任编辑：** 丁立松
**封面设计：** 清 清
**出版发行：** 湘潭大学出版社
**社 址：** 湖南省湘潭大学工程训练大楼
**电 话：** 0731-58298960 0731-58298966（传真）
**邮 编：** 411105
**网 址：** http://press.xtu.edu.cn/
**印 刷：** 长沙创峰印务有限公司
**经 销：** 湖南省新华书店
**开 本：** 710 mm×1000 mm 1/16
**印 张：** 8.75
**字 数：** 143 千字
**版 次：** 2023 年 5 月第 1 版
**印 次：** 2023 年 5 月第 1 次印刷
**书 号：** ISBN 978-7-5687-1134-0
**定 价：** 58.00 元

# 前言

## preface

人们每天都要依赖住宅来完成睡眠、进餐、清洁、会客等各项基本生理活动，以满足基本的生活需求。而在当今的信息社会，人们还会有更丰富、更高级的精神需求，需要在住宅中得到满足，比如阅读、工作、社交、娱乐等活动。人们每天要在住宅中消耗三分之一甚至是一半以上的时间。因此，住宅室内设计对于人们的生活显得至关重要，它将直接影响到人们的生活质量。好的住宅室内设计，就是根据人们的具体居住需求，优化人们的生活空间，创造适合人们需求的生活模式，并提供给人以舒适、优雅而富于美感的人居环境。

住宅室内的设计与装修受到了越来越多家庭的关注，成为众多家庭消费的热点，同时也带动了相关行业的发展。人们对住宅的要求经历了从“人均居住面积”到“居住环境质量”的跨越。不同生活习惯、生活方式、职业、文化程度和经济状况的家庭对于住宅室内环境有着不同的要求。即使是同一个家庭，随着社会的发展，家庭的生活方式、人口构成和价值观念也会随之变化，在不同的时期，对于住宅室内环境的要求也会不相同。现今，人们对住宅室内环境的要求总体上呈现出个性化、多元化的趋势，这对住宅室内设计提出了更高的要求，不仅要从物质与精神两个层面满足人们家庭生活的需要，同时还应该看到家庭生活是一个动态发展的过程，建立动态的设计观念，充分考虑住宅室内环境的适应性与可变性。

住宅室内空间虽然相对公共空间而言面积较小，但其涉及的专业知识却一样不少：空间规划与功能布局，水、电、空调等设备的协调，各界面造型、材质的运用，以及家具的选配，色彩的设计甚至是软装配饰的搭配都要全面考虑，对人体工学尺度的要求也格外严格和细致。各种不同类型的住宅有各自不同的设计要点，设计师应以具体的设计要点为原则，综合运用各项专业知识，提供符合居住者需求的设计方案。住宅是一种特殊的商品，由于市场和环境的变换，住宅室内设计的发展很快，新的住宅套型、设施、材料，以及室内陈设层出不穷。

本书由河北民族师范学院苏丽萍和商丘工学院唐文宝共同撰写完成。全书共计 16.2 万字。其中，苏丽萍撰写第一章至第二章、第四章至第五章的内容，唐文宝撰写第三章、第六章的内容。本书在撰写过程中，既介绍了住宅室内设计的基本理论、基本知识，也展现了空间的界面设计、材料应用和细部处理方法、收纳设计等。书中反映当前住宅室内设计的发展现状与时代特征，并探讨未来住宅室内设计的发展方向。通过两个不同方向的课程设计，旨在从多方位训练学生的各项专业素养和技能，全面培养学生的设计能力。同时也期望对学生学习有所启发。但由于时间仓促和编者水平有限，难免有许多疏漏，敬请读者能够批评指教。

# 目录
contents

# 第一章　住宅室内设计的相关概述

住宅空间是人类生存与生活空间中最基本的空间需求，在所有室内空间中，最为接近人的基本生活需要。且人的一生，有很大一大部分时间是在住宅中度过，住宅空间承担着人们起居、进食、休息、家庭娱乐等日常生活功能，与人们的生活息息相关。因此，虽然住宅设计看似寻常，但由于针对不同类型的家庭，以及各个家庭在不同时期的不同需求，有着千变万化的空间布局与装饰风格。

## 第一节　住宅室内设计基本含义

在研究住宅设计之前，先要考察相关的几个内容，包括家庭与住宅的关系，住宅与其他房屋的区别，作为研究对象的住宅等。

# 一、住宅的基本内涵

## （一）住宅的概念

住宅是人们对自然环境有目的地加工形成的，它是供人们居住并具备生活起居功能和设施的建筑。住宅与家庭生活是密不可分的，一般来讲住宅是家庭生活方式在物质层面的体现。

美国建筑师弗兰克·莱特设计的流水别墅，是建筑与自然环境巧妙融合的经典范例，体现了当时人们对美好生活的向往（图 1–1）。

图 1–1　流水别墅

### 1. 住宅与家庭

家庭是在婚姻关系、血缘关系或收养关系基础上产生的，由亲属构成的社会生活单位。从功能上来说，家庭是儿童成长、供养老人，以及满足经济合作的人类亲密关系的基本单位。

住宅是为家庭量身定制的。通过了解家庭的含义，我们得知，与家庭生活对应的住宅，需要满足生活方方面面的功能要求。住宅分成以下几类空间：公用空间（庭院、客厅、餐厅、卫浴间）、私人空间（卧室）、多用空间（书房、储藏室、陈列室、休息区）、交通空间（走廊、楼梯、玄关、电梯厅）。每类空间还可以具体指定给某个居住者，如卧室还可细分为主人房、老人房、儿童房、客房等。

住宅与家庭生活模式是一一对应的，家庭关系决定了住宅的模式。如今，在大城市生活着很多单身人士，他们合租在一个房子中，形成新的邻里关系，这也是一种新的家庭生活模式。

**2. 住宅与建筑**

建筑是人们为了满足社会生活需要，利用所掌握的物质技术手段，并运用一定的科学规律、美学法则乃至风水观念创造的人工环境。建筑可以分为生产性建筑和非生产性建筑（图 1-2），后者即民用建筑，包括公共建筑和居住建筑，这里的居住建筑就是住宅。住宅室内设计与其他空间的室内设计的最大不同，在于住宅室内设计更关注使用的舒适度和私密性。

图 1-2　建筑类型

**3. 住宅与生活方式**

通过整合空间功能，家庭生活方式得以展现，不同文化有不同的表现，例如，中国传统民居里，厨房的灶具与起居室的火炕相连，而现代的厨房则靠电器、天然气设备来烹调饭菜，这两者之间有着明显差异，体现了不同的文化特点。

**4. 住宅与家**

家的内涵同时包含了住宅空间和家庭生活两个层面。

在住宅的建造过程中，主人按照自己的要求和理想规划实现居住目的。作为设计师，工作之一即是从专业的角度为业主（设计委托人）提供更好的设计服务。设计师的工作是为营造一种家的体验和感觉做事前准备。然而只有在使用过程中，经过使用者与空间之间相互磨合，家的感觉才会形成。简而言之，家是使用感的集合。

## （二）住宅的基本形式

**1. 单元式住宅**

单元式住宅是以一个楼梯（含电梯）为几户服务的单元组合体，一般为多层住宅。单元式住宅的基本特点如下：第一，以楼梯为交通连接，每层安排的户数较少，各户自成一体；第二，户内生活设施完善，既减少了住户间的相互干扰，又能适应多种气候条件；第三，建筑面积较小，造价经济合理；第四，保留一定的公共使用空间，如楼梯、走廊，便于邻里交往，有助于改善人际关系。

#### 2. 公寓式住宅

公寓式住宅一般为高层建筑，设计建造标准较高，每一层有若干单户独用的套房，包括卧室、客厅、浴室、厕所、厨房、阳台等。还有一些公寓式住宅附设于酒店之内，或托管于酒店管理公司，以便更好地为居住者服务。

#### 3. 跃层式住宅

跃层式住宅是指住宅占有上下两层或多个楼层，卧室、客厅、卫生间、厨房及其他辅助用房可以分层布置，上下层之间的交通通过户内楼梯连接。跃层式住宅的优点如下：第一，可以为卧室和客厅安排更多的采光面，空间通透，房间通风更好；第二，居住空间围绕着主客厅设计，共享空间连接了两个楼层，空间开敞，采光充足；第三，布局合理，功能划分明确，相互干扰较小。

#### 4. 独立式住宅

独立式住宅就是常说的别墅，经常选用西式洋楼的建造形式（现代风格也逐渐流行），是带有花园、草坪和车库等设施的独院式多层建筑，建筑密度很低，内部居住功能完备，装修风格丰富多样，户外道路、通信、绿化率也都有较高的设计标准。由于花园与建筑的一体化设计，使用者可以更好地亲近大自然。别墅分为独栋别墅、双拼别墅和联排别墅。

## 二、住宅室内设计的内涵

### （一）住宅室内设计

住宅室内设计是根据特定的使用目的，利用现有技术手段，对空间进行安全、舒适、美观、个性化的改善，为使用者提供更具人性化的生活空间的专业。

如果说公共空间室内设计会考虑到对使用者的限定，那么住宅室内设计更注重对使用者的物质和精神两方面的满足。物质层面上考虑环保、舒适、美观的建筑材料，科技融入家居空间的智能控制，精神层面上则关注休息、学习、康体等多个层面。同时考虑到不同年龄段使用者的需求，对儿童、老年人和残障人士的需求尤其需要更加精心对待。一言以蔽之，就是让使用者在自己的居住空间中，获得物质享受和精神愉悦，更有尊严地生活，保有诗意栖居的理想。

### （二）技术名词

了解一栋住宅，首先要认识住宅空间的进深、开间面宽、层高和净高等概念。

#### 1. 进深

传统住宅的进深指从大门进入房间后墙的深度。在现代建筑中是指一间独立的房屋或一幢居住建筑从前墙皮到后墙皮之间的实际长度。为了保证建成的住宅具有良好的自然采光和通风条件，住宅的进深在设计上有一定的要求。在住宅的高度（层高）和宽度（开间）确定的前提下，设计的住宅进深过大，住房呈狭长形，使距离门窗较远的室内空间自然光线不足。

#### 2. 面宽

在传统住宅中，面宽通常指屋檐方向上的宽度。现代住宅的开间是指采光的一面墙的宽度，因为是指一自然间的宽度而言，故又称开间。开间在设计上也有严格的规定，常用 0.3 m 为模数递增长度，从 2.1 m、2.4 m 一直到 4.2 m，甚至更宽。

#### 3. 层高和净高

一栋住宅每一层的高度称为层高，层高通常指下层地板面到上层楼板面之间的距离。层高减去楼板厚度，即为净高。净高是最常用的设计工作数据，在净高的基础上减去地采暖混凝土及普通瓷砖（木地板）的厚度，以及吊顶深度，才是房间最终的高度。目前一般住宅层高都在 2.75 ~ 3.00 m，有的带夹层的住宅层高可接近 6.00 m。

### （三）功能与空间

住宅需要满足人们的起居生活需求，按照不同的空间特性，住宅可以分为公共空间、私密空间、多用空间和交通空间。展开来说，现代住宅通常分成以下几类空间：

（1）开放空间，如庭院、客厅、餐厅、公共卫生间、茶室、酒吧、影音厅、健身房、娱乐室、泳池、植物园、户外厨房。

（2）私人空间，如主人房、老人房、儿童房、客房、淋浴间、保密室等。

（3）附属空间，如书房、工作室、化妆间、衣帽间、陈列室、储藏室等。

（4）交通空间，如走廊、楼梯、玄关、电梯厅、车库、游船码头等。

很多住宅根据面积和功能需求，可能拥有多个风格相近或风格迥异的客厅或卧室，在进行这样的设计时，设计师根据委托人的要求进行功能深化。

### 三、住宅室内设计的限制因素

在开展住宅室内设计之前，首先要认识到实现目标会遇到的限制或障碍。

第一层：费用限制。

任何设计都需要金钱的投入，支出的多寡直接影响了设计效果的实现。费用的限制可以用两种方式来计算：一种是总造价，另一种是每平方米造价。一般而言，总造价是主要限定，而每平方米造价相对灵活，可以根据委托人和设计师的意图，进行平衡，抓住重点进行深度设计，分配较大支出，对于次要部位相应减少投入。

第二层：空间限制。

住宅建筑的框架体系限定了室内空间拓展的可能性，如朝向、层高、承重墙体、梁和柱子是不可改变的，这就需要设计师在现有的房型结构条件下，推翻非承重墙，以提高空间使用效率。

第三层：观念限制。

住宅室内设计的服务对象是住在房子内部的使用者，他们的生活习惯、生活方式及审美观念，对于设计效果的实现起着至关重要的作用。在费用和空间相对固定的情况下，仍然可以实现风格各异的设计效果，这也是甲乙双方相互沟通形成的结果。观念限制是使用者价值观的直接体现。

## 第二节　住宅室内设计的施工流程

### 一、现场踏勘与测量

设计的第一步是对现场进行踏勘与测量，对设计对象有充分了解，采集到准确的尺寸数据。明确整个住宅的结构受力系统、原有排水系统、电力系统，以及详细的通风采光情况，整理成图纸，以提供全面而准确的设计基础。

## 二、与客户沟通出方案设计

在开始设计之前，充分与客户沟通，询问客户的家庭人口构成、目前的生活状况，了解客户的生活习惯及未来居住规划，然后开始规划平面。

平面布局是整个设计中的重点和核心，将会对客户的生活状态造成决定性的影响，因此，住宅空间规划和平面布局在整个住宅室内设计中是最为基础和重要的。住宅的空间规划就是针对客户的具体情况，将住宅空间划分为餐饮与烹饪、睡眠、工作、卫浴盥洗及其他空间，并在空间中布置合理的家具。

平面布局基本定下来以后，可根据客户的喜好，结合设计师的合理建议，为客户设计合适的风格定位，并在重点空间出些效果图（图 1–3），最终得出定案，进入施工图绘制的环节。

图 1–3　与客户沟通后的效果图

## 三、施工图设计

方案确定后，将平面深化，依据确定的空间布局和详细效果，将方案绘制成完整的施工图纸，如平面图、地面铺装图、顶棚吊顶图，以及大件家具布置图、水管布置图、电力系统图、空调布置图等，对即将施工的各个工种进行全面控制与指导。

## 四、施工

住宅室内设计相对于公共空间或办公等其他类型的商业空间来说，面积比较小，但所有的工种基本都要涉及，且彼此之间的配合程度要求较高，所以要求设计师、施工监理、施工队与业主几方共同配合，密切监督施工现场，以达到最佳的施工效果。

住宅室内施工的基本流程包括墙体拆除、新墙砌筑、水电铺设、空调安装、天花造型、墙面造型、墙面涂刷、地板铺贴、家具安装、灯具安装，如

图 1–4 所示。

（a）墙体拆除

（b）新墙砌筑

（c）水电铺设

（d）空调安装

（e）顶棚造型

（f）墙面造型

（g）墙面涂刷

（h）地板铺贴

（i）家具安装

（j）灯具安装

**图 1-4　住宅室内施工基本流程**

## （一）主体拆改

对原建筑空间进行基础改造，把原有不需要的墙体间隔拆除，然后按设计图纸，砌筑新的墙体或者空间分隔。

## （二）水电与暖通铺设

根据施工图中的电力系统图及水管图，在住宅空间中有序地铺设各种电管与水管，为住宅提供基本的水电设施。

若该住宅选择装集中式变频空调，还需提前铺设空调管线及安装主机、室外机等。

### （三）顶棚与墙面造型

在完成上述的隐蔽工程后，接下来可以开始做顶棚与墙面的造型，将各种管线及空调设备隐藏在顶棚、墙面与地面以内。

### （四）饰面材料安装

造型完成后，接着做整个空间的装饰面，包括地面、墙面和顶棚的各种材料的铺贴或刷油漆。

### （五）灯具与家具安装

施工基本完成后，清理现场，开始布置家具，安装灯具，以及进行软装布置。硬装与软装结合的部分要细致地收边，以取得最佳效果。

## 第三节　住宅室内设计的艺术风格

住宅室内空间相对于公共空间而言，具有高度的私人性，可以完全根据客户的个人喜好，呈现出各种各样的风格与流派。在物质文明高度发展的现代社会，一个家庭的室内设计风格，很能反映居住者的个人品位与文化修养。设计者应该根据客户的住宅空间特点，结合客户的喜好，设计出最适合该空间的设计风格。

在目前的住宅室内设计风格中，可大致归纳为以下几种方向：现代简约风格、欧式风格、中式风格、混搭式风格。

### 一、现代简约风格

简约主义源于 20 世纪初期的西方现代主义。现代简约风格在目前住宅室内设计中比较常见，尤其适用于中小面积的住宅空间。

设计的特点是以强调功能为主，实用主义至上，将设计的元素、色彩、照明、原材料简化到最少的程度，采用简洁明了的线条勾勒空间轮廓，达到以少胜多的效果，然而这样的设计往往对材质、色彩的搭配与细节要求很高。

### 二、欧式风格

欧式风格在住宅室内设计中一般适用于面积较大的别墅空间。

由于欧式风格涵盖整个欧洲不同地区的设计艺术风格，因此欧式风格又可以细分为许多派别，比如法式、地中海式，英式、北欧等，由于地域性文化与艺术的差异，具体的表现手法也是丰富多彩的。

其中法式、英式等风格讲究经典与传统的装饰细节，色彩丰富，视觉冲击力强，造型优雅古典。地中海式带有浓烈的海洋气息与自然气息，色彩鲜艳，具有强烈的地域性特色。

而北欧风格造型朴素实用，以自然简洁为原则，色彩基调温和，辅以少量靓丽的点缀饰品作为活跃元素。

近期较为流行的是将传统欧式加以简化，形成简约欧式风格，更为平易近人和被人接受，也容易在较小面积的公寓式住宅中得以运用。

## 三、中式风格

中式风格是以传统中国文化为基础，运用中国传统建筑语言与符号的艺术设计风格。按其运用传统建筑语言的程度分为传统中式与现代中式。

在传统中式设计风格中，大量运用较为严谨的中式木作的手法，进行雕梁画栋，采用明清家具、中国古典字画等作为装饰元素。传统中式设计选材单一，气息较为陈旧，格局大多对称。现代装修一般较少全面将其应用在住宅空间中，较为常见的是局部运用或将其简化。在符合现代生活模式的空间划分基础上，将传统中式符号加以提炼与变化，与富有现代感的材质、造型相结合，既能满足现代人的正常生活需求，又能体现传统中式文化的神韵。

## 四、其他各式风格

除了上述几种常见的设计风格外，还有许多不同的风格流派，比如美式田园风格、东南亚风格、混搭式风格等，只要是居住者喜欢或者适合该住宅空间的风格或某种设计元素，都可以加以利用和变化，以达到将住宅变为美好生活空间，愉悦居住者身心的目的。

# 第二章　住宅室内设计与学科

住宅室内设计是一门新兴的综合性学科，其与多个学科之间都有着十分密切的联系，既具有艺术性又具有科学性。本章主要对现代住宅室内设计与人体工程学、环境心理学及建筑设备之间的关系进行分析和研究。

## 第一节　室内设计与人体工程学

人体工程学是一门新兴学科，它的学科体系涉及多个学科领域，如人体科学、环境科学、工程科学等，有着非常丰富的内容。目前，已有多种人体工程学研究成果被应用到人类生活领域。从室内设计的角度来看，人体工程学是从人的角度来研究问题的，这与室内设计必须考虑人的生理和心理需求有很大的相关性。因此，室内设计师有必要对人体工程学的有关知识进行了解和掌握，自觉地在设计实践中加以应用，以创造安全、健康、便利、舒适的室内环境。

## 一、人体工程学的含义与发展

人体工程学起源于20世纪初的欧美，其主要是对人、物、环境之间的相互关系进行研究。人体工程学最初是探求工业社会中人与机械之间的协调关系，其目的在于改善工作条件，提高劳动生产率。第二次世界大战期间，人体工程学的原理和方法被应用于军事科学技术领域，以充分发挥武器装备的效能，减少操作事故，保护战斗人员。如在设计坦克、飞机的内舱时，充分考虑如何使人在舱体内部有效地操作和战斗，并尽可能减少人长时间在小空间内的疲劳感，也就是处理好人与机器以及环境之间的协调关系。第二次世界大战后，欧美国家的经济开始步入快速发展时期，人体工程学的实践和研究成果也开始迅速有效地运用到诸多领域，如空间技术、工业生产、建筑及室内设计领域等，人体工程学得到了更大的发展。1961年，国际人类工效学联合会（International Ergonomics Association，IEA）正式成立。

如今，信息科学发展得十分迅速，人类已进入信息社会时代，“以人为本、为人服务”的理念也被各行各业所重视。人体工程学就是以人为主体，从人的自身出发，对人的衣、食、住、行及一切生活、生产活动进行分析和研究，因此，其符合社会发展进程的需求，必然会发挥出重要的作用。

IEA对人体工程学科是这样定义的：人体工程学是研究人在某种工作环境中的解剖学、生理学和心理学等方面的各种因素，研究人和机器及环境的相互作用，研究在工作中、家庭生活中和休假时怎样统一考虑工作效率、人的健康、安全和舒适等问题的学科。这一定义被认为是最权威、最全面的定义。

结合我国人体工程学发展的具体情况，并联系室内设计，可以将人体工程学的含义理解为；以人为主体，运用人体测量学、生理学、心理学和生物力学等学科的研究手段和方法，综合研究人体结构、功能、心理、力学等方面与室内环境各要素之间的合理协调关系，以适合人的身心活动要求，取得最佳的使用效能，其目标是安全、健康、高效和舒适。

图2-1、图2-2所展示的是人体工程学与相关学科，以及人体工程学中人、设施和环境的相互关系。

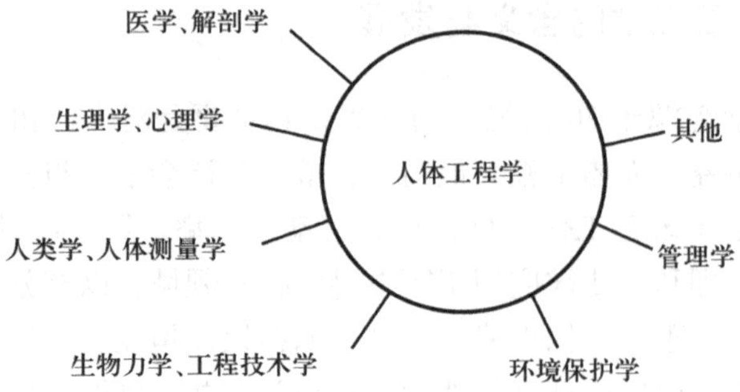


图 2-1　人体工程学及相关学科

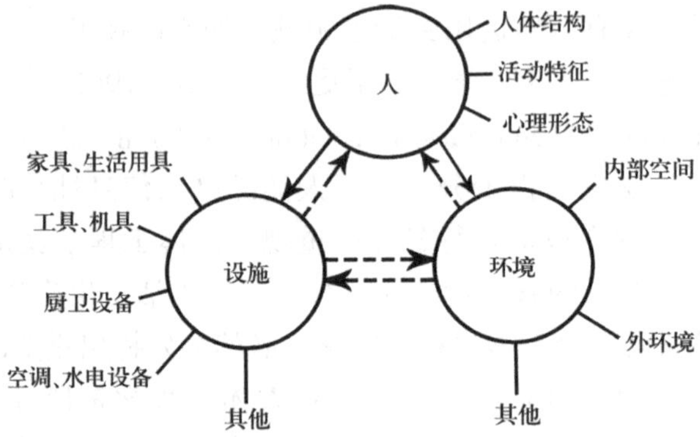


图 2-2　人、设备、环境的相互关系

## 二、人体尺度

在人体工程学中，人体测量及人体尺寸是最为基本的内容，各国的研究工作者都对自己国家的人体尺寸做了大量调查与研究，发表了可供查阅的相关资料及标准，以下就人体尺寸的一些基本概念和基本应用原则及我国的一些有关资料进行介绍。

### （一）静态尺度和动态尺度

人体尺寸可以分为静态尺寸和动态尺寸两大类。静态尺寸是指被试者在固定的标准位置测得的躯体尺寸，也称结构尺寸。动态尺寸是指在活动的人体条件下测得的躯体尺寸，也称功能尺寸。对某些设计项目来说，静态尺寸具有重要意义，而在大多数情况下，动态尺寸的用途更为广泛。

在运用人体动态尺寸时，需要考虑人体活动的各种可能性，以及人体各部分协调动作的情况。例如，人体手臂能达到的范围会受到肩部运动和躯体旋转、可能的背部弯曲等情况的影响，因而不能仅根据手臂的静态尺寸来确定其所能达到的范围。由此可知，人体手臂的动态尺寸远大于其静态尺寸。对大多数设计任务来说，动态尺寸更具意义。采用静态尺寸，会使设计的关注点集中在人体尺寸与周围边界的净空；而采用动态尺寸则会使设计的关注点更多地集中在所包括的操作功能上去。

**1. 我国成年人人体静态尺寸**

1989 年，我国实施了《中国成年人人体尺寸》（GB 10000—88），由于新制定的标准《中国成年人人体尺寸》(GB/T 10000–2023) 于 2024 年 03 月 01 日开始实施，因此本书仍沿用旧标准。这一标准提供了 7 类共 47 项人体尺寸基础数据，标准中所列出的数据是代表从事工业生产的中国成年人（男 18 ~ 60 岁，女 18 ~ 55 岁）的人体尺寸，并按男、女性别分开列表。图 2–3 为人体构造图。

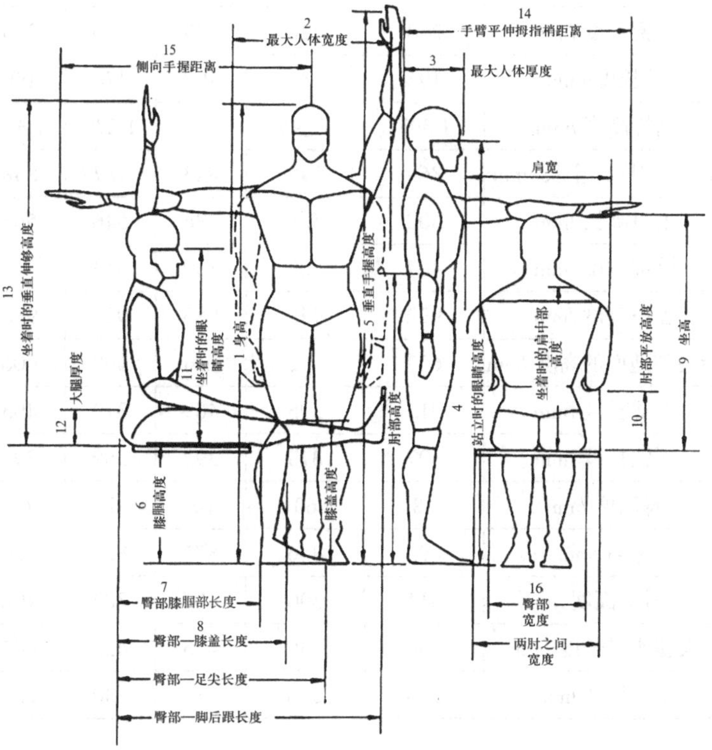


图 2–3　人体构造图

我国幅员辽阔，由于气候、饮食文化等因素的差异，不同地域人体尺寸有较大差异。表 2–1 是按照较高、中等及较低人体三个级别所列的人体尺寸。图 2–4 为我国成年男、女立姿和坐姿基本尺寸。

**表 2–1　我国不同地区人体各部分平均尺寸**

| 编号 | 部位 | 较高人体地区 | | 中等人体地区 | | 较低人体地区 | |
|---|---|---|---|---|---|---|---|
| | | 男 | 女 | 男 | 女 | 男 | 女 |
| A | 人体高度 /mm | 1 690 | 1 580 | 1 670 | 1 560 | 1 630 | 1 530 |
| B | 肩宽度 /mm | 420 | 387 | 415 | 397 | 414 | 385 |
| C | 肩峰至头顶高度 /mm | 293 | 285 | 291 | 282 | 285 | 269 |
| D | 正立时眼的高度 /mm | 1 573 | 1 474 | 1 547 | 1 443 | 1 512 | 1 420 |
| E | 正坐时眼的高度 /mm | 1 203 | 1 140 | 1 181 | 1 110 | 1 144 | 1 078 |
| F | 胸廓前后颈 /mm | 200 | 200 | 201 | 203 | 205 | 220 |
| G | 上臂长度 /mm | 308 | 291 | 310 | 293 | 307 | 289 |
| h | 前臂长度 /mm | 238 | 220 | 238 | 220 | 245 | 220 |
| I | 手长度 /mm | 196 | 184 | 192 | 178 | 190 | 178 |
| J | 肩峰高度 /mm | 1 397 | 1 295 | 1 379 | 1 278 | 1 345 | 1 s261 |
| K | 1/2 上骼展开全长 /mm | 869 | 795 | 843 | 787 | 848 | 791 |
| L | 上身高长 /mm | 600 | 561 | 586 | 546 | 565 | 524 |
| M | 臀部宽度 /mm | 307 | 307 | 309 | 319 | 311 | 320 |
| N | 肚脐高度 /mm | 992 | 948 | 983 | 925 | 980 | 920 |
| O | 指尖到地面的高度 /mm | 633 | 612 | 616 | 590 | 606 | 575 |
| P | 上腿长度 /mm | 415 | 395 | 409 | 379 | 403 | 378 |
| Q | 下腿长度 /mm | 397 | 373 | 392 | 369 | 391 | 365 |
| R | 脚高度 /mm | 68 | 63 | 68 | 67 | 67 | 65 |
| S | 坐高 /mm | 893 | 846 | 877 | 825 | 850 | 793 |
| T | 腓骨头高度 /mm | 414 | 390 | 407 | 382 | 402 | 382 |
| U | 大腿水平长度 /mm | 450 | 435 | 445 | 425 | 443 | 422 |
| V | 肘下尺寸 /mm | 243 | 240 | 239 | 230 | 220 | 216 |

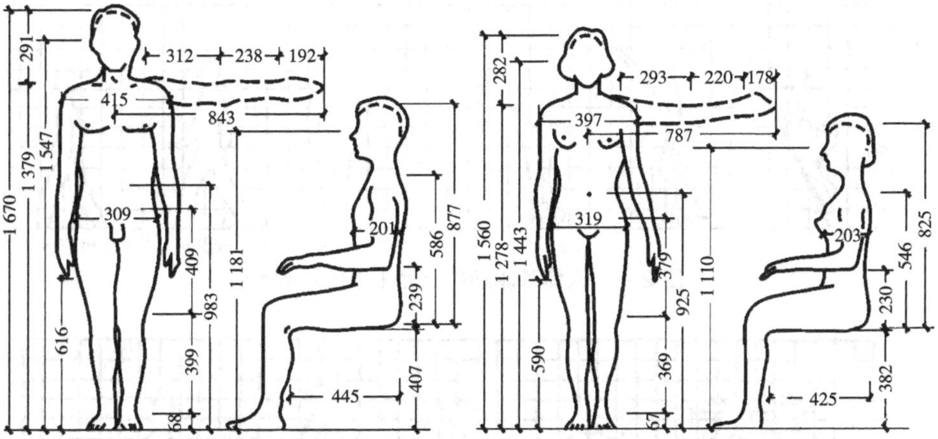


图 2-4　我国成年男、女立姿和坐姿基本尺寸图解（单位：mm）

### 2. 我国成年人人体动态尺寸

人要展开任何一项活动都需要有一定的空间，人体动态尺寸有助于确定活动空间的尺寸。

图 2-5 为人体基本动作尺寸，这些尺寸可作为各种空间尺寸的主要依据。在遇到特殊情况时，可按实际需要适当增减加以修正。

图 2-6 中活动尺寸均已包括一般衣服厚度及鞋的高度，在进行设计时可以参考这些尺寸。当设计涉及一些特定空间的详细尺寸时，则可查阅有关资料或手册。

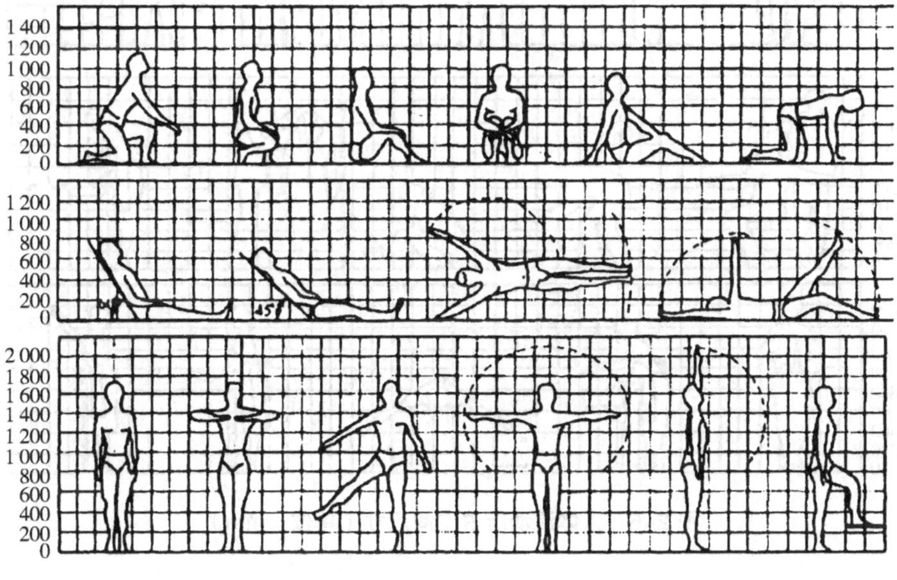

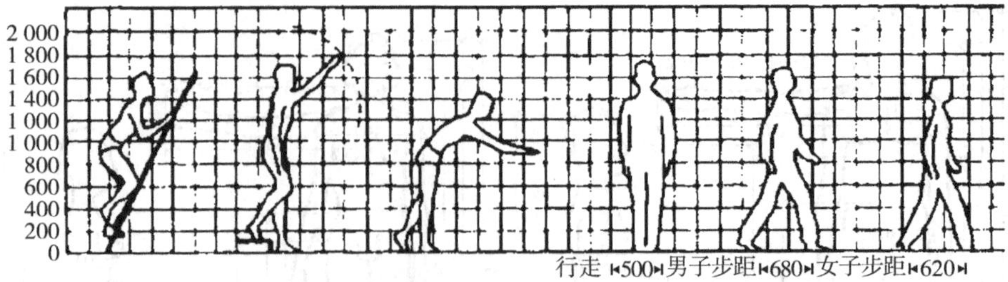


图 2-5 人体基本动作尺寸（单位：mm）

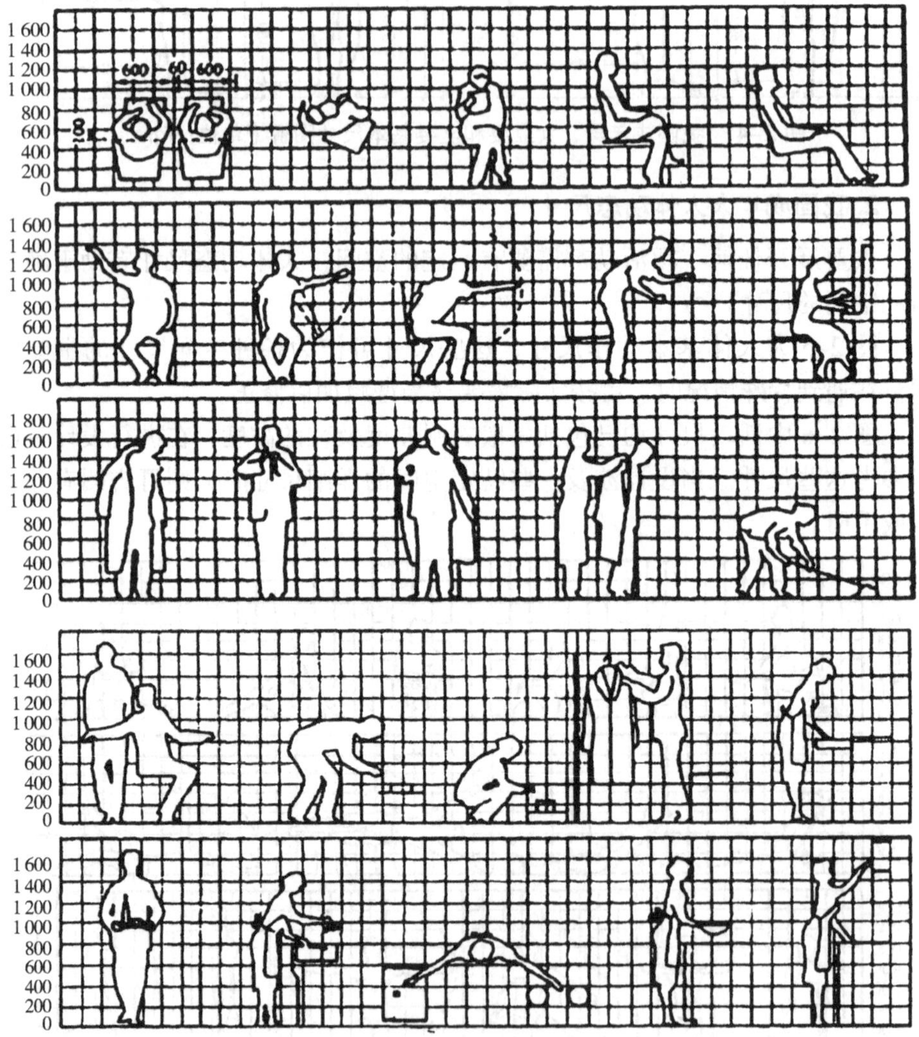


图 2-6 人体活动所占空间尺寸（单位：mm）

## （二）人体尺寸的应用

图 2–7 为我国成年人不同人体身高占总人数的比例。在进行设计时，可参考阴影部分的身高尺寸幅度。从图 2–7 中可知，人体尺寸数据并不是固定不变的，而是会在一定的幅度范围内变化，因此，在设计过程中应参考哪个范围内的尺寸，需要进行具体的研究。通常认为，室内设计可以按以下三种人体尺度来考虑：

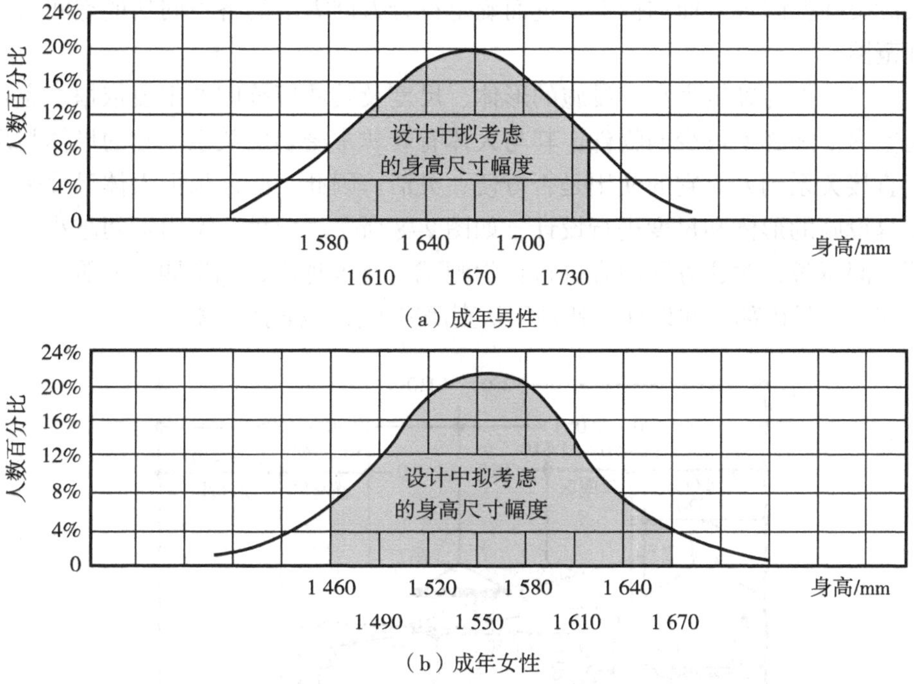


**图 2–7 我国成年人不同人体身高占总人数的比例**

（1）按较高人体高度考虑空间尺度。例如，楼梯顶高、栏杆高度、阁楼及地下室净高、门洞的高度、淋浴喷头高度、床的长度等，通常可采用男性人体身高幅度的上限 1 730 mm，再另加鞋厚 20 mm。

（2）按较低人体高度考虑空间尺度。例如，楼梯的踏步、厨房吊柜、搁板、挂衣钩及其他空间置物的高度，以及盥洗台、操作台的高度等，通常可采用女性人体的平均高度 1 560 mm，再另加鞋厚 20 mm。

（3）一般建筑内使用空间的尺度可按成年人平均高度（男：1 670mm；女：1 560mm）来考虑。例如，剧院及展览建筑中考虑人的视线，以及普通桌椅的高度等。当然，设计时也需要另加鞋厚 20 mm。

## 三、人体工程学在室内设计中的运用

由于人体工程学从产生到发展所经历的时间还不长，因此，在室内环境设计中，还需进一步拓展其应用的深度和广度。当前，在室内环境中已开展的人体工程学应用主要包括以下几个方面：

（1）作为确定个人及人群在室内活动所需空间的主要依据。室内设计可以从人体工程学中的有关测量数据中找到人体尺度、活动空间、心理空间及人际交往空间等方面的依据，进而确定符合人体需求的各不同功能空间的合理范围。

（2）作为确定家具、设施的形体、尺度及其使用范围的主要依据。家具是室内空间必不可少的物件，其与人体有着非常密切的关系，它的形体与尺度直接关系到人对它的使用是否方便、灵活。因此，必须根据人体尺寸来对家具设施的形体和尺度进行设计，如图 2–8 所示。此外，室内空间越小，停留时间越长，对这方面内容进行科学测试的要求越高，如车厢、船舱、机舱等交通工具内部空间设计，就必须认真研究人体工程学数据。

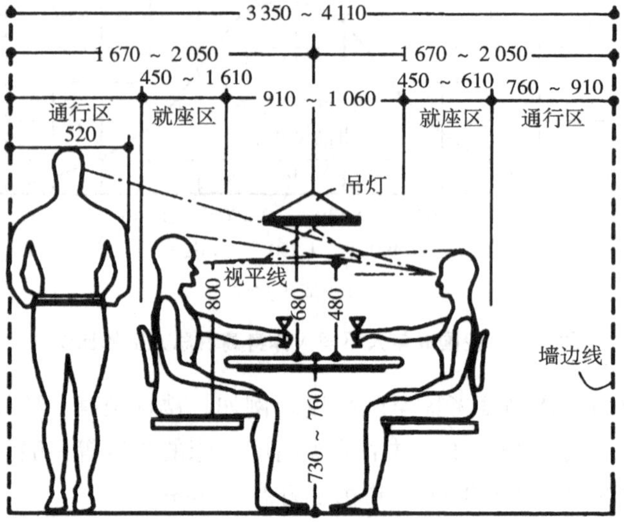

最小用餐单元宽度

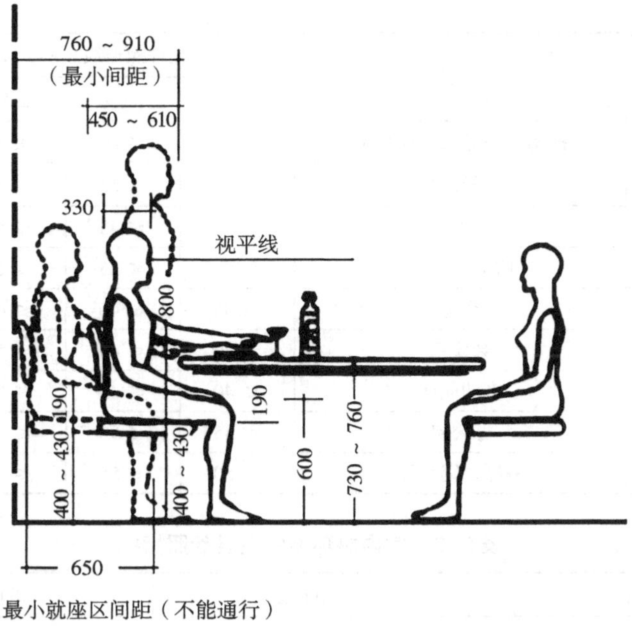


**图 2-8　由人体尺寸及活动空间确定的餐桌尺寸及活动范围（单位：mm）**

（3）提供适宜人体的室内物理环境的最佳参数。室内物理环境涉及多个方面，例如，室内光环境、声环境、热环境、重力环境、辐射环境、嗅觉环境、触觉环境等。在进行室内设计时，参考人体工程学中的相关科学参数后，如表 2-2、表 2-3 所示，则可以做出比较正确的决策，进而设计出舒适宜人的室内环境。

**表 2-2　室内允许噪声级（昼间）**

| 建筑类别 | 房间名称 | 允许噪声级（A 声级，dB） | | | |
|---|---|---|---|---|---|
| | | 特级 | 一级 | 二级 | 三级 |
| 住宅 | 卧室、书房 | — | ≤ 40 | ≤ 45 | ≤ 50 |
| | 起居室 | — | ≤ 45 | ≤ 50 | ≤ 50 |
| 学校 | 有特殊安静要求的房间 | — | ≤ 40 | — | — |
| | 一般教室 | — | — | ≤ 40 | — |
| | 无特殊安静要求的房间 | — | — | — | ≤ 55 |

续表

| 建筑类别 | 房间名称 | 允许噪声级（A 声级，dB） | | | |
|---|---|---|---|---|---|
| | | 特级 | 一级 | 二级 | 三级 |
| 医院 | 病房、医务人员休息室 | — | ≤ 40 | ≤ 45 | ≤ 50 |
| | 门诊室 | — | ≤ 55 | ≤ 55 | ≤ 60 |
| | 手术室 | — | ≤ 45 | ≤ 45 | ≤ 50 |
| | 听力实验室 | — | ≤ 25 | ≤ 25 | ≤ 30 |
| 旅馆 | 客房 | ≤ 35 | ≤ 40 | ≤ 45 | ≤ 55 |
| | 会议室 | ≤ 40 | ≤ 45 | ≤ 50 | ≤ 50 |
| | 多功能厅 | ≤ 40 | ≤ 45 | ≤ 50 | — |
| | 办公室 | ≤ 45 | ≤ 50 | ≤ 55 | ≤ 55 |
| | 餐厅、宴会厅 | ≤ 50 | ≤ 55 | ≤ 60 | — |

**表 2–3　室内热环境的主要参照指标**

| 项目 | 允许值 | 最佳值 |
|---|---|---|
| 室内温度 /℃ | 12 ~ 32 | 20 ~ 22（冬季）<br>22 ~ 25（夏季） |
| 相对湿度 | 15% ~ 80% | 30% ~ 45%（冬季）<br>30% ~ 60%（夏季） |
| 气流速度 /（m/s） | 0.05 ~ 0.20（冬季）<br>0.15 ~ 0.90（夏季） | 0.10 |
| 室温与墙面温差 /℃ | 6.0 ~ 7.0 | <2.5（冬季） |
| 室温与地面温差 /℃ | 3.0 ~ 4.0 | <1.5（冬季） |
| 室温与顶棚温差 /℃ | 4.5 ~ 5.5 | <2.0（冬季） |

（4）对人类视觉要素的测量为室内视觉环境设计提供科学依据。在室内设计中，室内视觉环境设计非常重要，视觉是人们感知室内环境的主要方式。视觉是由视力、视野、光觉、色觉等基本要素组成的。室内照明设计、室内色彩设计、视野有效范围、视觉最佳区域的确定等都可以以人体工程学测量得到的数据为依据。图 2–9 为人眼视野范围。

以下将以老年人室内设计为例来具体阐述人体工程学在室内设计中的应用。

老年人是一个特殊群体，他们的身体各部分机能都大不如前，并且伴随着年龄的增长还会持续衰退，此外，其心理上也会发生很大的变化。例如，视力、听力的衰退将导致眼花、耳聋、色弱、视力减退甚至失明。体力的衰退会造成手脚不便，步履蹒跚，行走困难。智力的衰退会产生记忆力差，丢三落四，做事犹豫迟疑，运动准确性降低。而心理上的变化则使老年人容易产生失落感和孤独感等。老年人身体和心理的变化必然会使其身体各方面的素质下降，其产生突发性病变的机会也会随之增加。因此，在室内设计中应特别关注老年人的这些生理和心理特征。

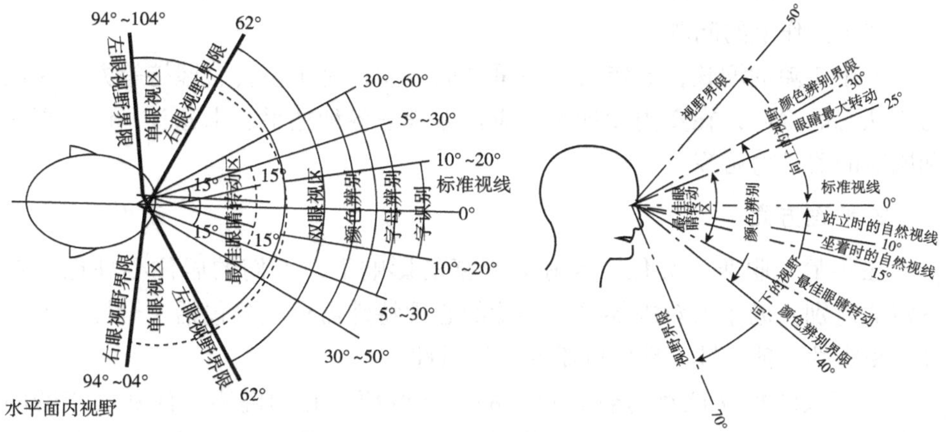


**图 2-9　人眼视野范围图**

## （一）老年人对室内环境的特殊需求

### 1. 生理方面

从老年人生理方面来看，老年人对室内环境的要求主要包括以下几个方面：

（1）室内空间问题

老年人在行动的时候往往需要他人的帮助或借助辅助器具，因此，其要求室内空间要大一些，通常以满足轮椅使用者的活动空间大小为佳。

（2）肢体伸展问题

由于生理老化现象，老年人的肢体和关节不再像年轻时候的灵巧，经常很难做正常的肢体伸直或弯曲。因此，在室内设计时应依据老年人的人体工程学要求，对室内的细部尺寸及室内用具的尺寸重新考量。

（3）行动上的问题

伴随着身体的老化，老年人的肌肉强度和控制力也大不如前，往往短时间的动作都会使其感到疲劳。有的老年人甚至必须借助器具才能行动，因此，在室内设计时，应重点考虑走廊、楼梯等交通系统的设计。

（4）感观上的问题

老年人的视力与辨色能力较差，往往看不清较远处的事物，也很难区分近似色，同时其判断高差和少量光影变化的能力也有所减弱。因此，在室内环境中应适当增强色彩的亮度。此外，老年人往往对物体表面特征记得较牢，对风味食品比较喜爱，嗅觉减弱，对空气中的异味不敏感。

（5）操作上的问题

由于年龄的增长，老年人在力量方面变差，对于扭转、握持等方面往往力不从心。因此，在室内设计时，应具体考虑各种把手、水龙头，以及厨房和厕所的器具物品等。

**2. 心理方面**

在年龄、职业、文化、爱好等因素的影响下，人们的居住心理也存在一定的差别。老年人对内部居住环境的心理特殊需求主要包括安全性、方便性、私密性、独立性、环境刺激性和舒适性。

老年人的独立性意味着老年人的身体健康、心理健康。伴随着年龄的增长，生理、心理、社会等方面的因素对老年人的影响逐渐增大，老年人在维持独立性的同时需要消耗大量的体力和精力，甚至会产生一定的危险。因此，在对老年人居住环境进行设计时，应为老年人的独立性提供可依托的物质条件，创造一个实现独立与依赖之间平衡的环境。这种独立与依赖之间平衡的环境应该依据老年人的生理、心理及社会方面的特征，能弥补老年人活动能力退化后的可移动性、可及性、安全性、舒适性和感知能力退化的刺激性等方面，实施“以人为本”的无障碍设计。但弥补老年人活动能力不足的时候应当把握一个度，既要促使老人发挥其最大的独立性，又不能使老人在发挥独立性时感到紧张和焦虑。

### （二）中国老年人人体尺寸

目前，我国在老年人活动空间尺寸的基本设计中还没有制定相关规范，但依据老年医学的研究资料，可以初步确定老年人活动空间尺度的基本尺寸。老年人由于生理老化，其身体各方面的机能都在衰退，身体各部位产生相应的萎缩，尤其是身高方面的萎缩最为明显。据老年医学研究，人的身高在 28 ~ 30 岁时最大，在 35 ~ 40 岁之后逐渐出现衰减。通常情况下，老年人在 70 岁时身高会比年轻时降低 2.5% ~ 3.0%，女性的缩减最大可达 6.0%。

## （三）老年人的室内设计

老年人的室内设计主要包括内部空间设计、细部设计和其他设施设计，以下主要对室内空间设计和细部设计进行介绍。

### 1. 室内空间设计

（1）室内门厅设计

在老人的生活中，门厅是公共性最小的区域，为方便其出入，门厅空间应宽敞，并具有很好的可达性。此外，在门厅设计中还应考虑一定的储物、换衣功能，提供穿衣空间和穿衣镜。为了方便老年人换鞋，可以结合鞋柜的功能设置换鞋用的座椅。

（2）卧室的设计

老年人由于身体机能的衰退，往往怕冷，容易感染疾病，因此，老人的卧室应具有良好日照条件和通风条件，条件允许的话还要考虑冬季供暖。此外，由于老年人较容易发生身体不适的情况，因此，居室的空间应较大，应考虑到腿脚不便的老年人轮椅进出和上下床的方便，并在床边预留护理人员的操作空间和轮椅的回转空间，通常留宽 1 500 mm 以上。同时，还应在卧室提供一定的储物空间，以便老年人收藏一些物品，如图 2–10 所示。

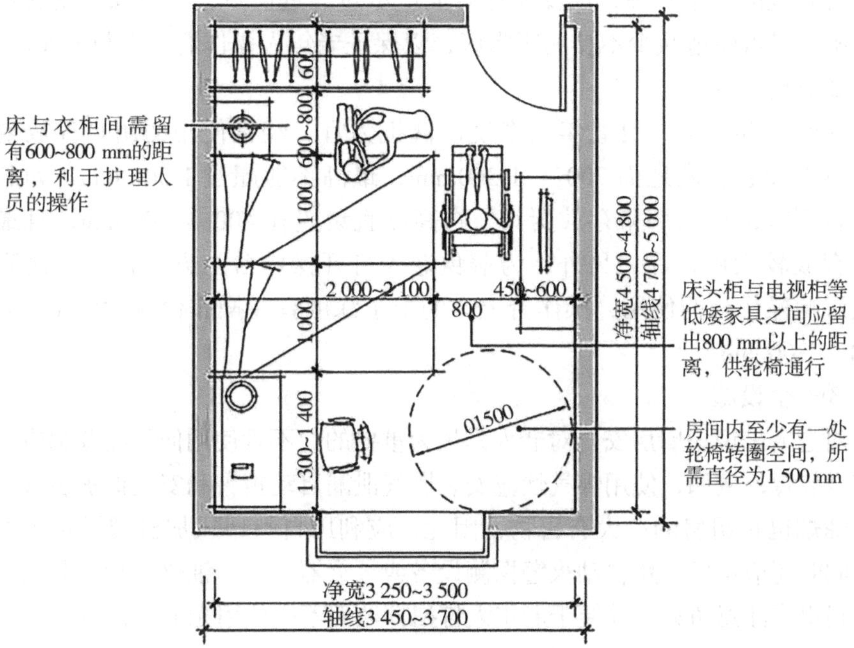


图 2–10　老年人卧室设计（单位：mm）

（3）客厅、餐厅的设计

客厅、餐厅是全家团聚的中心场所。在一天中，老年人大部分的时间都待在这两个地方。因此，在设计中应充分考虑客厅、餐厅的空间布局，以及家具、照明、冷暖空调等因素。

（4）厨房的设计

在通常情况下，老年人由于生理方面的原因，往往需要较大的厨房空间。此外，在设计时还应考虑老年人对厨房的操作台、厨具及安全设备等方面要求，以及坐轮椅通行方便及必要的安全措施等方面要求。

①操作台

老年人厨房操作台的高度应低于正常厨房操作台的高度，以750 ~ 850 mm为宜，深度最好为500 mm。操作面应紧凑，尽量缩短操作流程。灶具顶面高度以与操作台高度齐平为宜，这样可以方便老年人进行操作。操作台前宜平整，不宜出现凹凸，并采用圆角收边。操作台前需有1 200 mm的回转空间，如考虑使用轮椅则需1 500 mm以上。如果老年人行动不便的话，还应在厨房里增加一些扶手，以方便老年人支撑。在洗涤池、灶具等台面工作区应留有足够的容膝空间，高度应高于600 mm。如果难以留设，则可考虑拉出式的活动工作台面。另外，由于老年人的视觉普遍较差，因而对光线的要求较高，因此操作台面应尽量靠近窗户，在夜间也要有足够的照明，尽可能地减少不良的阴影区，以保证老年人操作的安全与方便。

②厨具存放

在厨具存放上，对老年人来说以低柜为宜。经常使用的厨具存放空间应尽可能设置在离地面700 ~ 1 360 mm，最高不能超过1 500 mm。如利用操作台下方的空间用来存放厨具，在高度宜设置在400 ~ 600 mm，且最好用来存放较大件物品。另外，为避免老人打开操作台上方的柜门时碰到头部或影响操作台的使用，操作台上方的柜子深度宜在操作台深度的1/2以内（250 ~ 300 mm）。

③安全设施

对老人来说，厨房安全对老人是最为重要的。不管使用何种能源都应当设有安全装置，例如，使用煤气灶应安装燃气泄漏自动报警和安全保护装置。另外，油烟也是厨房的一大有害物，因此，应利用自然通风加机械设备排除油烟，同时还应考虑采用自动火警探测设备或灭火器，以防油燃和灶具起火。装修材料也应注意防火，并便于老年人打扫，地面不应使用光滑的材料。

（5）卫生间的设计

随着年龄的增大，老年人夜间上厕所的次数也随之增多，因此，卫生间的位置以靠近卧室和起居空间为宜。同时，卫生间的面积也要适当增大，这样方便别人帮助老年人沐浴。因此，卫生间浴缸旁边除了要有 900 mm × 1 100mm 的活动空间供老年人更换衣服之外，还要有足够的面积，以容纳帮助的人。此外，卫生间的地面应避免高差，不宜设有门槛。当老年人需要使用轮椅时，门的宽度应大于 900 mm，以方便轮椅的通行。

随着年龄的增加，老年人对温度变化的适应能力也大不如前，尤其是在冬天，洗澡时的冷暖变化很容易给老人带来身体刺激，进而带来危险，因此，必须设置供暖设备并加上保护罩以避免烫伤。另外，老年人在夜间上厕所时，明暗的交替会给其眼睛带来较大刺激，使老人产生目眩，因此，在老人的卧室里最好采用可调节的灯具或两盏不同亮度的灯，同时，灯的开关位置也要满足老人的需求。

卫生间由于地面比较湿滑，因而对老年人的安全具有较大的威胁，为防止老年人滑倒，浴室内的地面应采用防滑材料，并在浴缸外铺设防滑垫。浴缸的长度应在 1 500 mm 以上，以老年人坐在里面能够伸腿为宜。浴缸离地的高度应在 380 mm 以下，浴缸内深度也应在 420 mm 以下，这样可以方便老人安全出入。另外，浴缸内应有平坦防滑槽，浴缸上方应设扶手及支撑，浴缸内还可设辅助设施。如果老人有独自行走的能力，则可以在浴缸较宽一侧加上坐台，供老人坐浴或放置洗涤用品。如果老人需要借助轮椅来行走，那么应当在入浴一侧加一过渡台，过渡台的高度应与轮椅和浴缸一致，过渡台下应留有空间让轮椅接近。当只设淋浴不设浴缸时，淋浴间内应设坐板或座椅。

老年人使用的卫生间内宜设置坐式便器，并将其设置在靠近浴盆的地方，这样当老年人在向浴缸内冲水时，也可作为休息座位。考虑到老年人坐下时双脚比较吃力，坐便器高度应不低于 430 mm，并在其旁边设置支撑。如果老人需要乘坐轮椅，那么坐便器坐高应为 760 mm，并在其前方留有轮椅回转的空间，这个空间以 900 mm × 1 350 mm 为宜。

在通常情况下，老年人用的洗脸盆要比正常人低些，高度在 800 mm 左右为宜，并且前面必须有 900 mm × 1 000 mm 的空间，其上方应设有镜子。如果老人是坐在轮椅上，那么洗脸盆下方要留有空间让轮椅靠近。洗脸盆应安装牢固，能承受老人无力时靠在上面的压力。

（6）储藏间的设计

老年人出于怀旧等原因，其保存的物品往往较多，因此，在老人居室内应为其设置储藏空间。储藏空间以壁柜式为宜，深度在 450 ~ 600 mm，搁板高度应可调整，最高一层搁板应低于 1 600 mm，最低一层搁板应高于 600 mm，如图 2-11 所示。

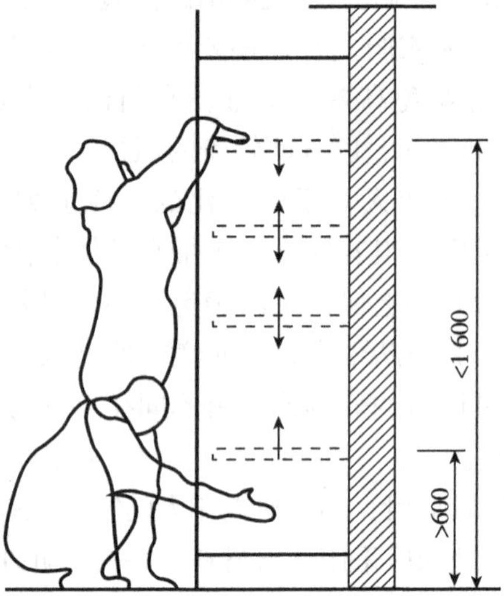


图 2-11　储藏柜的高度（单位：mm）

（7）楼梯

老人居室中的楼梯不宜采用弧形楼梯和不等宽的斜踏步或曲线踏步。楼梯坡度应缓和，每一步踏步的高度应在 150 mm 以下，宽度以大于 280 mm 为宜，每一梯段的踏步数应小于 14 步。踏步面两侧应设侧板，以防拐杖滑出。踏面还应设对比色明显的防滑条，可选用橡胶、聚氯乙烯等，而不宜采用金属制品。

**2. 室内细部设计**

（1）扶手

老年人由于身体机能的衰退，往往对一些日常生活起居方面的事情都会感到力不从心，如行走、登高等。因此，为了在这些方面给老人提供一些帮助，应在室内空间中安装一些支撑依靠的扶手，如在楼梯、走廊、浴室等处设置扶手，但需要注意的是，在不同使用功能的空间里，应采用不同材质和形式的扶手。如浴室内的扶手及支撑应选用不锈钢材质的，直径在 18 ~ 25 mm 为宜。在楼梯和走廊宜设置双重高度的扶手，上层安装高度为 850 ~ 900 mm，下层扶手高度为 650 ~ 700 mm。这样设置可以兼顾成人，以及老年人和儿童的需要。扶手在平台处应保持连续，结束处应超出楼梯段

300 mm 以上，末端应伸向墙面，宽度以 30 ~ 40 mm 为宜，扶手的材质应具有较好的手感，能够防滑，通常以木质扶手为最佳选择。此外，如果老人的视觉较差，应当在过道走廊转弯处的扶手或在扶手的端部设有明显的指示，来表明扶手结束，当然贴上盲文提示也是一个不错的选择。

（2）水龙头

为了方便老年人使用，宜采用推或压的水龙头开关。如果采用旋转式的开关，则需长度超过 100 mm 的长臂杠杆开关。并用颜色区分冷热水。在条件允许的情况下，还可以采用光电控制的自动水龙头或限流自闭式水龙头。

（3）电器开关及插座

对于电器开关及插座，宜选用大键面板，这样可以方便老年人使用。同时为了安全起见，电器插座回路的开关应有漏电保护功能。

（4）门的处理

老年人居住空间的门宜宽一些，在其私人卧室中门的净宽应大于 800 mm，在公共空间中门的净宽应大于 850 mm，这样可以方便使用轮椅或其他助行器械的老年人通过，并且易开易关。不应设有门槛，如果必须有高度差，应采用不超过 1/4 坡度的斜坡来处理。另外，公共场所的房门不应采用全玻璃门，以免老年人使用器械行走时碰坏玻璃，同时也应避免使用旋转门和弹簧门，宜使用平开门、推拉门。

（5）窗的处理

老年人卧室的窗口应比普通窗口低些，甚至可低到离地面 300 mm。在窗的构造上要易于操作并且安全，窗台的宽度宜适当增加，通常在 250 ~ 300 mm 为宜，这样可以在上面放置花盆等物品或扶靠观景。此外，矮窗台里侧均应设置不妨碍视线的高 900 ~ 1 000 mm 的安全防护栏杆，为老人提供安全保障。

（6）地面的处理

老年人的腿脚往往不灵便，比较容易摔倒，因此，地面应平坦、防滑，并尽量避免室内外过渡空间的高差变化，如果出入口有高差，宜采用坡道相连。地面材料应选择有弹性、不变形、摩擦力大，而且在潮湿的情况下也不易打滑的材料。

（7）光源的处理

在老年人的居室中，采用自然光线是最好的选择，如果采用人工光，则应按基础照明与装饰照明相结合的方案来进行设计。

（8）声响的处理

由于老年人的听觉往往较差，因此，在老年人室内设计中，一些声控信号装置应调节到比正常声音大一些，如门铃、电话、报警装置等。当然，由于室内声响增大，必然会增加相互间的干扰，因此，卧室、起居室的隔墙应具有良好的隔音性能，不能因为老年人容易耳聋而忽视了这些细节。

## 第二节 室内设计与环境心理学

人无时无刻不处在环境中，环境是围绕在人周围的外界事物。

人可以通过自己的各种行为来改变环境，反过来这被改变的环境又会对人产生影响，在这一相互影响的过程中，人的心理也会发生变化。

环境心理学是用心理学的方法来对环境进行探讨的，在人与环境之间以人为本，从人的心理特征角度出发来研究环境问题，使我们对人与环境的关系、对怎样创造室内人工环境都产生新的、更为深刻的认识。因此，对室内设计来说，环境心理学有着十分重要的意义。

### 一、环境心理学的含义与基本研究内容

环境心理学是研究环境与人的行为之间相互关系的学科，它着重从心理学和行为学的角度对人与环境的最优化关系进行探讨。

环境心理学是一门在20世纪60年代末兴起的综合性学科，最先产生于北美，之后发展到英语语言区，而后迅速传播到世界各地。环境心理学的内容涉及很多个学科，如医学、心理学、社会学、人类学、生态学、环境保护学、城市规划学、建筑学、室内环境学等。

从室内设计方面来看，其空间的组织、界面的设计、室内各要素的处理等，都需要符合人们的行为特点，满足人们的心愿。

### 二、室内环境中人的心理与行为

从个体来说，室内环境中人的心理与行为存在一定的差异，但从总体上来看，他们之间仍有一定的共性，仍然具有以相同或类似的方式做出反应的特点，这恰恰也是室内设计的基础依据。

## （一）个人空间、领域性与人际距离

### 1. 个人空间

在公共场所中，我们经常会看到坐在一条长椅上的两个陌生人之间会很自然地保持一定的距离，针对这一类现象，心理学家提出了“个人空间”的概念。通常认为个人空间像一个围绕着人体的看不见的气泡，这一气泡跟人是形影不离的，会依据个人所遇到的不同情境而胀缩，是个人心理上所需要的最小的空间范围，如果他人干扰或侵犯了这一空间，则会引起个人的焦虑与不安。

### 2. 领域性

对于人来说，领域性是个人或群体为满足某种需要，拥有或占用一个场所或一个区域，并对其加以人格化和防卫的行为模式。在室内环境中，人们往往力求使自己的活动免受外界的干扰或妨碍。不同的活动有其必需的生理和心理范围与领域，人们不希望轻易地被非本人意愿的外来人与物打破。

### 3. 人际距离

在一般情况下，室内环境中的个人空间需要将与人际交流、接触时所需的距离一起进行通盘考虑。由于接触的对象和场合不同，因而人际接触在距离上也存在一定的差别。人类学家霍尔在动物的环境和行为的研究经验的基础上提出了“人际距离”的概念，并根据人际关系的密切程度、行为特征来确定人际距离的不同层次，将人际距离分为密切距离、个人距离、社会距离和公众距离四大类。在每类距离中，再根据不同的行为性质分为近区与远区。例如，在密切距离（0 ~ 450 mm）中，亲密、对对方有嗅觉和热辐射感觉的距离为近区（0 ~ 150 mm）；可与对方接触握手的距离为远区（150 ~ 450 mm）。在不同民族、宗教信仰、性别、职业和文化程度等因素的影响下，人际距离在表现上也存在一定的差异。表 2–4 为人际距离和行为特征。

**表 2–4 人际距离和行为特征**

| 人际距离 | 行为特征 |
| --- | --- |
| 密切距离（0 ~ 450 mm） | 近区 0 ~ 150 mm，亲密，对对方有嗅觉、热辐射感觉；<br>远区 150 ~ 450 mm，可与对方接触握手 |

续表

| 人际距离 | 行为特征 |
|---|---|
| 个体距离（450 ~ 1 200 mm） | 近区 450 ~ 750 mm，促膝交谈，仍可与对方接触；<br>远区 750 ~ 1 200 mm，清楚地看到细微表情的交谈 |
| 社会距离（1 200 ~ 3 600 mm） | 近区 1 200 ~ 2 100 mm，社会交往、同事相处；<br>远区 2 100 ~ 3 600 mm，交往不密切的社会距离 |
| 公众距离（>3 600 mm） | 近区 3 600 ~ 7 500 mm，自然语音的讲课，小型报告会；<br>远区 >7 500 mm，借助姿势和扩音器的讲演 |

## （二）私密性与尽端趋向

私密性更多涉及的是在相应的空间范围内，人的视线、声音等方面的隔绝要求。人类在居住类的室内空间中对私密性有较高的要求。

在现实生活中，大家往往会有这样的经历，就是在住集体宿舍时，房间尽端的床铺往往是最受欢迎的，而离门近的床铺则是最次的选择，这可能是出于生活、就寝时能相对较少地受干扰的考虑。类似的在餐厅中选座位时也很常见，如图 2–12 所示。

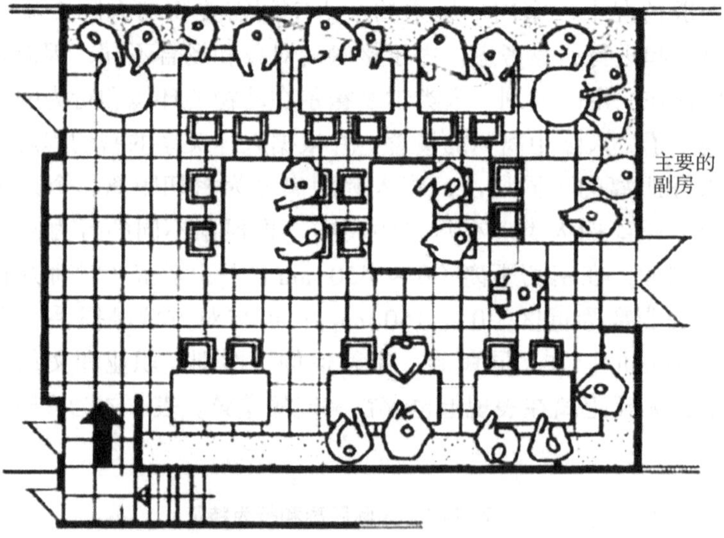


**图 2–12　就餐者对餐桌的选择**

相对来说，餐厅中离门近和人流较多的地方的座位往往很少有人选择，而靠墙卡座由于在室内空间中形成受干扰较少的尽端，更符合客人就餐时“尽端趋向”的心理要求，因而很受客人欢迎，如图 2–13 所示。

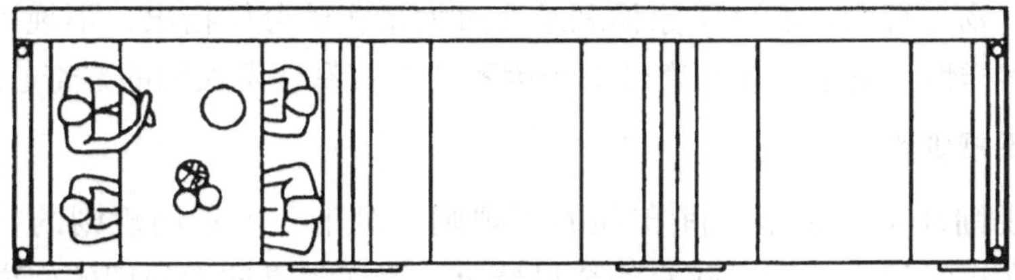

图 2-13　餐厅中的靠墙卡座

### （三）依托的安全感

从人们的心理感受上来说，在室内空间中进行活动，其空间并不是越开阔、越宽广越好。一般情况下，人们在大型室内空间中更愿意靠近能让人感觉有所“依托”的物体。例如，在火车站和地铁车站的候车厅或站台上，如果没有休息椅，人们往往会在有柱子的地方靠，并适当地与人流通道保持一定距离。这是因为，在柱边人们感到有了“依托”，更具安全感。

### （四）从众与趋光心理

在公众场合中，如果发生一些突发情况，人们往往会盲目地跟着领头的急速跑动的人跑动，而不管跑的方向是否正确。当火警发生，烟雾开始弥漫时，人们也往往不会注意逃生的标识。而是盲目地跟着领头的几个人跑动，从而形成人群的流向。人们所表现出的这些现象就属于从众心理。另外，人们在室内空间中流动时，具有从暗处往较明亮处流动的趋向。在紧急情况时，用语音来提示引导比用文字更为有效。

从人们这些心理和表现出的行为来看，在设计公共场所室内环境时，首先要注意空间与照明等的导向，除了重视标识与文字的引导外，对空间、照明、音响等也要高度重视。

### （五）好奇心理与室内设计

好奇心理是人们普遍具有的一种心理状态，在好奇心的驱使下，人们必然会产生一定的行为。在室内设计中，人们探索新环境的行为是一个重要的影响因素。在室内环境设计中，如果能够诱发人们的好奇心，则既可以满足人们的心理需要，又能加深人们对该室内环境的印象。对于商业空间来说，如果能够诱发人们的好奇心，则有利于吸引新老顾客。另外，当人们发生探索新环境的行为时，往往会在室内停留较长的时间，从而更有利于发生诸如选物、购物等行为。心理学家伯利纳通过大量实验分析指出，不规则性、重复性、多样性、复杂性和新奇性五个因素比较容易诱发人们的好奇心理。

### 1. 不规则性

不规则性主要是指空间布局的不规则。对于一个布局规则的空间，人们往往在短时间内就能了解它的全局情况，因而很难诱发他们的好奇心。于是，设计师就试图用不规则的布局来激发人们的好奇心，如图 2-14 所示。通常情况下，会采用对结构没有影响的物体来不规则地布置空间，形成不规则的布局，营造活泼氛围，如柜台、绿化、家具、织物等。

图 2-14　不规则的空间布局

### 2. 重复性

建筑材料或装饰材料数目的增多，以及事物本身重复出现都属于重复性。在一般情况下，人们往往对数目不多或出现次数不多的事物难以着重注意，而当事物反复出现时，则容易引起人们的注意和好奇心。室内设计师常常利用大量相同的构件来加强吸引力，如柜台、货架、桌椅、照明灯具、地面铺地等。

### 3. 多样性

形状或形体的多样，以及处理方式的多种多样都属于多样性。在体现多样性上，加拿大多伦多伊顿购物中心的室内中庭设计（图 2-15）就是一个很好的例子：透明的垂直升降梯和错位分布的多部自动扶梯统一布置在巨大的椭圆形玻璃天棚下，椭圆形回廊内分布着诸多立面各异的商店，加上多种形式色彩的灯光照明，构成了丰富多彩、多种多样的室内形象，充分调动了人们的好奇心，引起了人们浓厚的观光兴趣。这些细部手法的运用极大地丰富和完善了室内形象，兼顾了人们的购物与休息交往。

（a）室内中庭设计

（b）室内标牌设计

**图 2–15　加拿大多伦多伊顿购物中心**

### 4. 复杂性

在设计中，运用事物的复杂性来增加人们的好奇心理是一种常用的手法。尤其是在进入后工业社会以后，人们厌倦了千篇一律、缺少人情味的大量机器生产的产品，希望设计师们能创造出丰富多彩的空间来满足人们不断变化的需要。图 2–16 是西班牙巴塞罗那米拉公寓。

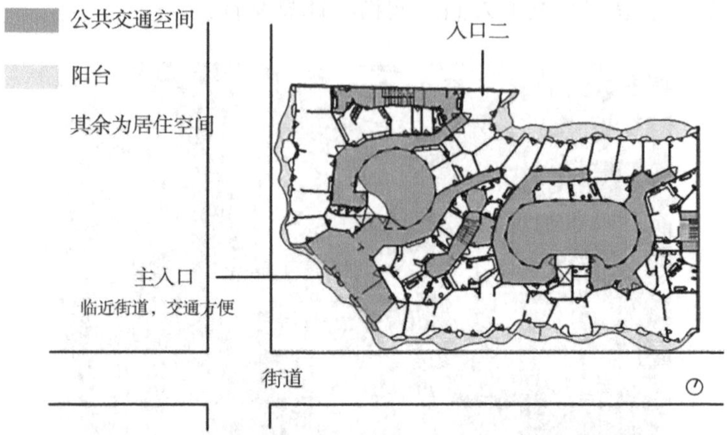


（a）平面图

（b）室内设计图

**图 2–16　西班牙巴塞罗那米拉公寓**

### 5. 新奇性

新奇性是指新颖奇特、出人意料、与众不同、令人耳目一新。在室内设计中，通常运用以下几种表现手法来达到新奇性的效果。

（1）室内环境的整个空间造型或空间效果与众不同。

（2）放大或缩小一些日常物体的尺寸，给人新奇感。

（3）运用一些形状比较奇特新颖的雕塑、装饰品、图像和景物等来诱发人们的好奇心理。

除了以上所说的五个因素外，还有其他的事物也可以用来激发人们的好奇心理，如光线、照明、镜面、特殊装饰材料等。

### （六）空间形状给人的心理感受

室内空间的形状多种多样，在不同形状特征的室内空间中，人们所产生的心理感受也不同。通过视觉常常会给人们心理上带来不同的感受，因此，在设计时可以根据特定的要求进行选择运用。表 2–5 为室内空间形状给人的心理感受。

**表 2–5　室内空间形状给人的心理感受**

| | 正向空间 | | | | 斜向空间 | | 曲面及自由空间 | |
|---|---|---|---|---|---|---|---|---|
| 室内空间形状 | 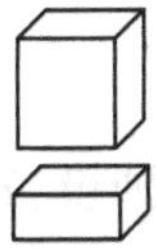 | 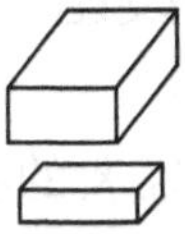 | 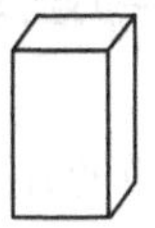 | 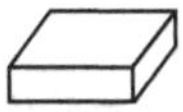 | 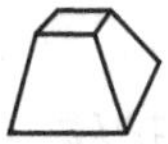 |  |  |  |
| 心理感受 | 稳定规整 | 稳定有方向感 | 高耸神秘 | 低矮亲切 | 超稳定庄重 | 动态变化 | 和谐完整 | 活泼自由 |
| | 略呆板 | 略呆板 | 不亲切 | 压抑感 | 拘谨 | 不规整 | 无方向感 | 不完整 |

## 三、环境心理学在室内设计中的运用

### （一）室内环境设计应符合人们的行为模式和心理特征

在室内环境设计中，设计师应根据人们在该环境中的行为活动特点和心理需求进行合理构思，以适合人的行为和心理需求。例如，现代大型商场的室内设计，考虑到顾客的消费行为已从单一的购物，发展为购物—游览—休闲—娱乐—信息—服务等综合行为，人们在购物的过程中往往喜欢亲手挑选、比较，因此，便诞生了自选及开架布局的商场，并且还结合了咖啡吧、快餐厅、游戏厅，甚至电影院等各种各样的功能。

### （二）环境认知模式和心理行为模式对组织室内空间的提示

在接触某一环境时，人们先通过感觉器官接受刺激，再由大脑做出相应行为反应的判断，并且对环境做出评价，由此可知，人们是通过感觉器官和大脑来对环境进行认知的。设计师通过对人们认知环境模式的了解，并结合其心理行为表现，能够更好地对室内空间进行组织、对其尺度范围和形状进行确定等。

### （三）室内环境设计应考虑使用者的个性与环境的相互关系

在环境心理学中，其在肯定人们对外界环境的认知有相同或类似反应的同时，对作为环境使用者的人对环境设计提出的特殊要求也应该非常重视，提倡充分理解使用者的行为、个性。在塑造具体环境的过程中，除了要充分尊重使用者的要求之外，还应注意环境对人行为的引导，个性的影响，甚至一定程度意义上的制约，这些都需要设计者根据实际需要掌握合理的分寸。

## 第三节　室内设计与建筑设备

建筑设备指维持、维护建筑正常运作和使用所需要的各种设备，主要的建筑设备有给水排水系统、暖通空调系统、电气系统等。

### 一、室内给水排水系统

给水是将给水管网或自备水源的水引入室内，经配水管送至生活、生产和消费用水设备，并满足水压、水质和水量的要求。排水是将建筑内部人们的生活污水和工业废水收集起来排到室外。

#### （一）给水系统

在室内安装塑料给水管时，宜采用暗装的方式，这样可以避免其受到碰撞而损坏，或受到人为的割伤。给水管受温度的影响较大，因此，对其因温度变化而引起的伸缩必须予以补偿。金属管的线膨胀系数较小，在管道直线长度较小的情况下，伸缩量较小而不被重视。但塑料管的线膨胀系数较大，是金属管的 7 ~ 10 倍，因此必须予以重视。

此外，需要注意的是，给水管道不能直接埋设在建筑结构层内。如一定要埋设时，则必须在管外设置套管。直埋铺设的管道，其内壁要具有优良的防腐性能外，外壁应具有抗水泥腐蚀的能力，以确保管道使用的耐久性。

输水管道不得腐蚀、生锈、漏水，同时也不能对水的品质产生影响，在输水过程中也不能发出噪声或降低压强。热水管长度应尽可能缩短，以便降低能耗，如果管道过长则必须进行隔热处理。此外，管道应尽可能集中安装，也就是说，厨房、浴室、盥洗室的位置应该平面相连或上下垂直。

### （二）排水系统

在建筑物内宜设置两个排水系统：一个排生活污水，如大、小便污水；一个排生活废水，如洗涤废水。这样可以防止两种不同的水窜味。

在一般情况下，生活污水的排放是瞬时洪峰流态，以大便器排水为例，其在几秒内将 9 L 冲洗水量形成 1.5 ~ 2.0 L/s 的流量，因此容易在排水管道中造成较大的压力波动，甚至可能在水封较为薄弱的环节破坏水封。污水处理系统依据重力原理，粪水管道必须粗一些，并且弯口角度不能过小，水平传输必须向下倾斜以防堵滞。入口垂直的管道要安装存水弯以防止污水及臭气渗入屋内。相对生活污水来说，洗涤废水是连续流，排水平稳。在重新安装或增添一些固定设施或电器设备时，如洗涤槽、抽水马桶、洗衣机以及洗碗机等，必须事先了解现有管道的走向、管道系统的功能等。

居住小区采用分流制排水系统，即生活排水和雨水排水各有一个独立的排水系统。建筑物雨水管道是按当地暴雨强度公式和设计重现期设计的，而生活污废水管道则是按卫生设备的排水流量进行设计的。如果在建筑物内将雨水与生活废水或生活污水合流，则会使生活排水系统不能正常运行。

## 二、室内暖通空调系统

### （一）暖通系统

#### 1. 调风器

调风器可以用来传递暖气炉散发的热气，能使房间的温度迅速升高，而且初装成本相对较低。调风器通过对流动空气进行净化和加湿，可以改善不通风的状况，调节空气湿度。另外，在不同的季节，调风器还可以用来制冷，因而可以降低空气调节的成本。在通常情况下，调风器安装在顶棚、墙壁或地面上，向室内散发热量并吸收房间的冷空气。需要注意的是，调风器的安装位置可能会对家具的布局和整面窗墙的处理存在一定的影响。

在室内供暖中，老式壁炉往往达不到理想的效果，其 90% 的热量会从烟囱流失。因此，可以通过在壁炉内安置烧柴炉或烧炭炉来提高其效率。此外，由于壁炉周围的温度很高，因而其附近必须使用耐火材料。

壁炉及烧柴炉可装配导热管或输气管道，使热空气形成自然对流。

#### 2. 护壁板散热器

护壁板散热器可以促使热水、蒸汽或电阻圈产生的热量进行循环，通过自然导热及辐射提供相对均匀的温度。通常情况下，护壁板散热器安装在窗户下面。

#### 3. 辐射板

辐射板是通过在暖气炉中加热的热水或蒸汽，或将电能转化成热能的电线，形成大面积的受热表层。在一般情况下，辐射板安装在顶棚上，但有时也安装在地板或墙壁上。这些辐射板能使室内持续保持所需的舒适的、均匀的温暖，也不会有外露的设备破坏居室设计，但气温上升所需的时间比较长，如果被地毯或其他覆盖物、家具阻隔，那么热能就不能直接到达人体，从而使人感觉寒冷。辐射板的价格比较昂贵，运行成本也很高，并且不具备空气流通、冷却、净化和加湿的功能。

除了温度的调节以外，新鲜的空气流通也是舒适的室内环境所必须具备的。良好的通风装置可以将房间中不新鲜的热风排到室外，并同时带入新鲜的空气，使气流平缓柔和。通风装置包括可以打开的门窗、通风孔、排气扇、带有鼓风机的暖气炉、空气调节装置和风扇等。在一般情况下，新鲜空气由门窗流入室内，但通风孔更为有效。相较于门窗而言，通风孔在大小、形状及位置上更富于变化，私密性更好。在卧室中，可以借助较高的窗户或两壁上的通风孔接受新鲜的空气。厨房、浴室需要最佳的通风条件，必须采用排气扇辅助通风。起居室和餐厅通常是连在一起形成的较大的空间，空气流通较好。

### （二）空调系统

空调是一种提供处理空气的机组。它可以调节房间或封闭空间、区域内空气的温度、湿度、洁净度和空气流速等，以达到人体舒适的要求。

#### 1. 降温

在空调设计与制造中，通常允许将温度控制在 16 ~ 32 ℃。这是因为，如果温度设定过低，会增加不必要的电力消耗。另外，如果室内外温差偏大时，则使人们进出房间不能很快适应温度变化，容易患感冒。

### 2. 除湿

空调在制冷过程中还有除湿的作用。环境的相对湿度在 40% ~ 60% 是对人体最为适宜的，如果相对湿度过大，即使温度在舒适范围内，人也会感觉不舒服。

### 3. 升温

无论是热泵型空调还是电热型空调，其都有升温的功能。但其升温能力会随室外环境温度下降逐步变小，如果温度在 –5 ℃时，几乎不能满足供热要求。

### 4. 净化空气

空气的成分非常复杂，其中含有大量的有毒有害气体，如 $SO_2$ 等。空调净化空气的功能是通过换新风、光触媒吸附（收）、增加空气负离子浓度等方式来实现的。

（1）换新风。利用风机系统将室内潮湿空气排出室内，使室内形成一定程度负压，进而使新鲜空气从门缝、窗缝进入室内，改善室内空气质量。

（2）光触媒吸附（收）。在光的照射下可以再生，将吸附（收）的氨气、尼古丁、醋酸、硫化氢等有害物质释放掉，可反复使用。

（3）增加空气负离子浓度。空气中带电微粒浓度大小，会影响人体舒适感。空调上安装负离子发生器可增加空气负离子度，使环境更加舒适。

## 三、室内电器系统

在一般的住宅中，每户都是单相电源进线。随着社会的发展和生活水平的提高，家庭小型中央空调系统已成为高级住宅的冬季采暖与夏季降温的主要设备。在通常情况下，家庭小型中央空调系统由风机盘管和空调主机组成，风机盘管依然为 220 V 电源，空调主机则为 380 V 电源，此时住宅电源应采用三相电源进线，出线回路也设一路三相断路器作空调主机电源。

在一般的住宅中，每户配电箱出线回路的设计一般按照明、普通插座、空调插座、厨房插座、电热水器插座等回路设计。另一种是，除厨房和电热水器插座回路外，其余插座则以房间为片区设置回路，这样设计的线路铺设方便，形成交叉的地方少。

室内设计师在安装开关和插座时，应充分考虑到空间确定的用途，家具和各种设备的安排。每个房间都应安装足量的插座，尤其是在起居室、餐厅和卧室中，插座的数量应多一些。在厨房，工作台上方和冰箱附近应安装一个接线盒，浴室要在浴缸上方或斜上方安装一个接地的插座。需要注意的是，插座不能放置在大面墙壁的中间，因为这些地方可能要安放大件家具，如床、沙发、书橱等。大部分的线路要求均有相关建筑法规的规定。

门厅和楼道都应该安装开关，具有多个通道的房间可安装双联或者多联开关，以便在出入房间时控制灯的开关。每个房间内至少有一盏灯的开关应安装在靠门锁一侧，而不应安装在门后。

住宅内的通信设施由电话、内线、传真、电脑和各种其他设备共同构成。这些设备的运行也依托于室内电气系统的完善。因此，应提前计划好通信设备的安装工作，如果条件允许的话，应在建筑过程中由专业人员完成线路铺设。

# 第三章　住宅空间设计

维特鲁威三原则中提到，任何一栋住宅，首要的是坚固，其次是实用，再次是美观。作为建筑，要对抗地心引力，坚固尤为重要；作为陈设装饰，美观需要重点考虑；而作为住宅，实用是介于坚固和美观之间的内容，也是让建筑变成住宅，住宅变成家的一个重要环节。

## 第一节　住宅空间设计基础功能

作为一栋住宅，基础功能是遮风挡雨，然后提供私密安逸的生存环境，最后是享受自在的安居，这三个层次逐渐递进，如图 3-1 所示。因此，住宅设计有以下几个注意事项：首先是采光通风，然后是私密与安全，最后是智能控制，这三个层次逐步递进。做到这些，可以让生活更便捷，居住上获得尽可能多的自在。

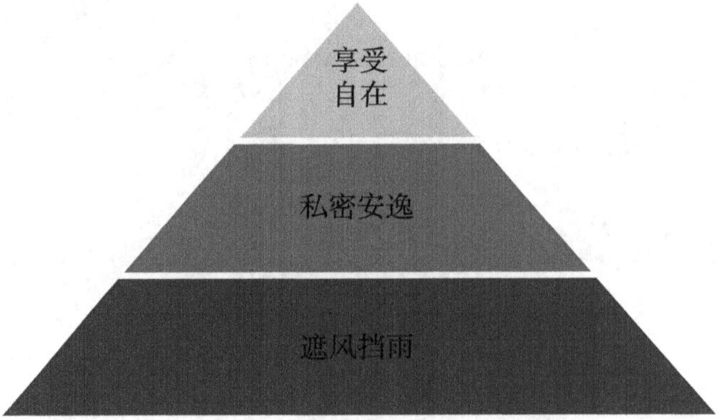


图 3–1 住宅功能的三个层次

## 一、采光与通风

不同于一般建筑，住宅建筑需要良好的采光和通风设施满足人体健康的需求。俗话说“万物生长靠太阳”，射入居室的温暖阳光可带来热量，即使外边天寒地冻，有了阳光就能带来好心情。北极圈冬日长夜漫漫，很多人容易郁郁寡欢，这都是因为没有阳光的爱抚（图 3–2）。

图 3–2 极地圈的长夜

我国传统民居建筑一贯以采光好作为评价住宅的重要标准。太阳东升西落，我国处于北半球，建筑坐北朝南即可拥有良好的采光。良好的建筑采光有助于住宅节能。在建筑设计规范中，对住宅的采光也有具体要求，《城市居住区规划设计规范》规定：

（1）老年人居住建筑不应低于冬至日日照 2 h 的标准；

（2）在原设计建筑外增加设施不应使相邻住宅原有日照标准降低，既有住宅建筑进行无障碍改造加装电梯除外；

（3）旧区改建项目内新建住宅建筑日照标准不应低于大寒日日照 1 h 的标准。

如果建筑满足不了基本的采光要求，就要用人工光进行补充，以达到正常的光照强度。对于采光不理想的住宅，导光管（图 3–3）是重要的照明补充。还有一些设计，例如，在屋内设计假窗户，结合暖色日光灯模拟日光来影响人们的生理、心理习惯。

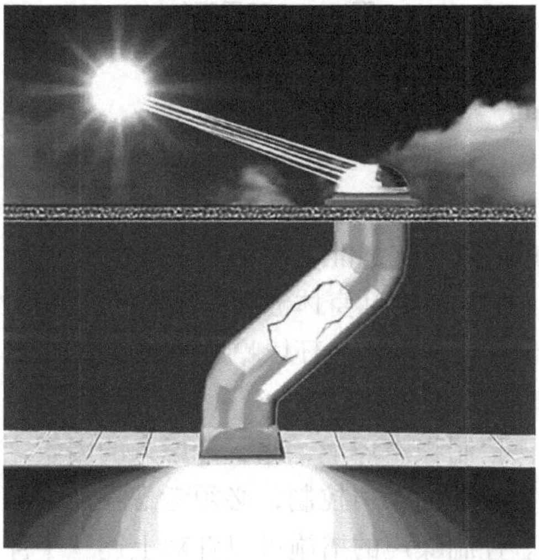

图 3–3　导光管

通风也是评价住宅的重要标准。在我国南方，潮湿的环境影响健康，好的通风条件能避免发霉，增加新鲜空气的流通，有益健康。目前，通风问题部分可以被新风系统（图 3–4）解决，同时还通过 PM2.5 过滤系统解决空气质量问题。即便如此，人们还是习惯从大自然中获取新鲜洁净的空气。为了加强居室空气质量，空气净化器和制氧设备被很多人选择，慢慢成为一种趋势。

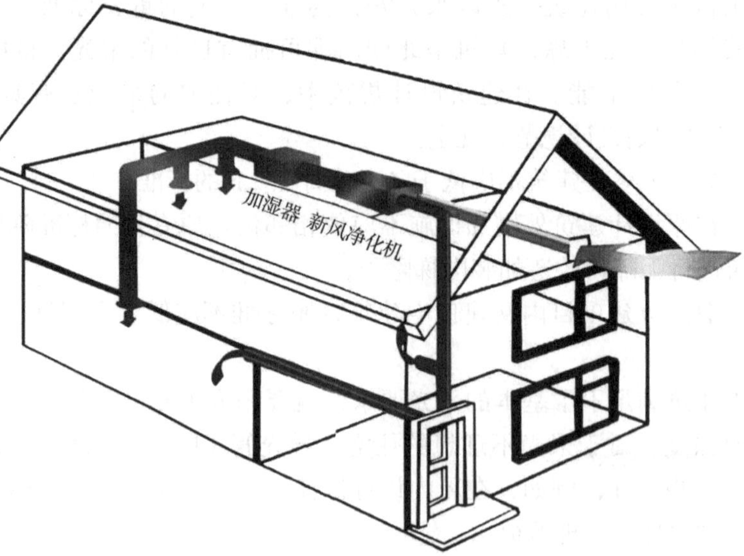


图 3-4 新风系统

## 二、声音处理

噪声对人体健康有一定的危害，著名声学家马大猷教授曾总结和研究了国内外现有各类噪声的危害和标准，提出了三条建议：

（1）为了保护人们的听力和身体健康，噪声的允许值在 75 ~ 90 dB。

（2）为保障交谈和通信联络，环境噪声的允许值在 45 ~ 60 dB。

（3）对于睡眠时间的噪声建议在 35 ~ 50 dB。

心理学界认为，控制噪声环境，除了考虑人的因素之外，还须兼顾经济和技术上的可行性。充分的噪声控制，必须考虑噪声源、传音途径、受音者所组成的整个系统。控制噪声的措施可以针对上述三个部分或其中任何一个部分：

（1）降低声源噪声，或者改变噪声源的运动方式（如用阻尼、隔振等措施降低固体发声体的振动）。

（2）在传音途径上降低噪声，控制噪声的传播，改变声源已经发出的噪声传播途径，如采用吸音、隔音、音屏障、隔振等措施，以及合理规划城市和建筑布局等。

（3）受音者或受音器官的噪声防护，可对受音者或受音器官采取防护措施，如长期职业性噪声暴露的工人可以戴隔音耳塞、耳罩等护耳器。

在住宅设计中，混凝土和砖墙具有基本的隔音效果，而轻质隔断墙则需要在隔墙中间增加岩棉。公共空间设计中常用的吸音板（图 3–5），也具有吸音效果。影音房设计应该考虑用海绵软包以增强隔音效果；整体吊顶也可以起到隔音效果，这些方式都是降噪的简便方法。同时优质的平开窗结合中空玻璃，也能保证室外噪声不进入室内。

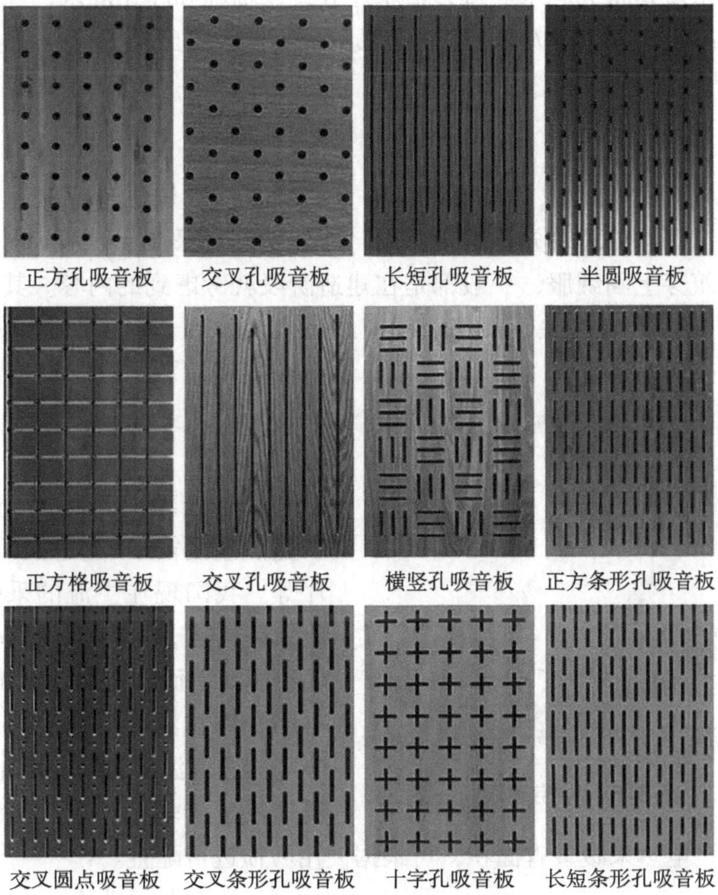


**图 3–5　吸音板**

## 三、水处理

用水安全是生活中的首要问题，关乎每个家庭成员的身体健康，水处理是住宅设计前期考虑的重要问题之一。通常来说，水处理出于两个目的：洗涤和饮用。就洗涤来说，自来水中的矿物质和杂质，无法彻底洗净衣物。而饮水则需要保留有益矿物质，除去有害菌和余氯。因此，产生了软水和纯净水的概念。

所谓软水，指的是不含或含较少可溶性钙、镁化合物的水，洗衣节省洗涤剂，且衣物蓬松，少留污垢，能减少热水器、洁具、管道的维护费。

纯净水就是将天然水经过多道工序处理、提纯和净化的水。经过多道工序后的纯净水除去了对人体有害的物质，同时除去了细菌，可以直接饮用。

## 四、保温处理

保温处理是住宅设计前要考虑的重要环节，也是建造节能环保建筑的要素之一。保温处理首先是建筑保温，即外墙安装保温层，就如同人的脂肪或者给建筑穿上羽绒服，一般都是在建造阶段就考虑到的内容。其次，门窗也是屋内热量散失的关键部位。门窗经过几代发展，逐渐形成断桥铝结合中空玻璃，乃至三层玻璃两层中空的构造，让热量极少散发出去（图 3–6）。

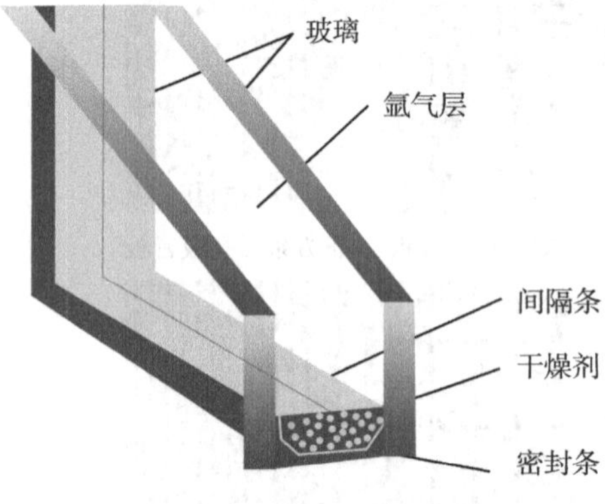

**图 3–6 中空玻璃**

保温处理的目标是防止散热，产生热量则需要靠发热源，如暖气片等。我国现在主流的采暖方式以地采暖为主，即在水泥地面上铺设反射膜，上面结合热功效铺设水管，再结合陶粒混凝土找平地面，通过分水器进行温度调节。其他方式中，暖气片造价较低。燃气采暖不受采暖季限制，电热采暖节省面积，可根据使用习惯进行配置。

## 五、智能家居及安防处理

对于生活在 21 世纪的人，建筑智能化是一种发展趋势。建筑的大脑由计算机芯片和各种交互显示设备控制，互联网成为连接手机和设备的媒介。人们使用的住宅，慢慢会积累出一些符合其生活习惯的数据，数据积累会让房屋和设备更好地照顾其居住者。电动窗帘控制采光，安防设备、空调设备、热水器等可以远程操控，各种匹配合理的照明设施可以用手机操控。与此同时，机器人将会被越来越多的家庭使用，技术进步推动价格更加合理，人工智能的机器人管家也不是遥远的未来。图 3-7 为智能家居系统。

安防设施可以保障居住者的人身安全。对于低层住宅，特别是独栋别墅，安防是设计要考虑的重中之重。通常设计无死角拍摄的摄像头对整个建筑环境进行监控。同时防盗窗及护栏结合报警装置的设计也能让盗贼知难而退。防盗门不断发展，各种新技术层出不穷，多重防盗锁具及各种升级版钥匙、电子门锁都可以提高住宅的安全性。

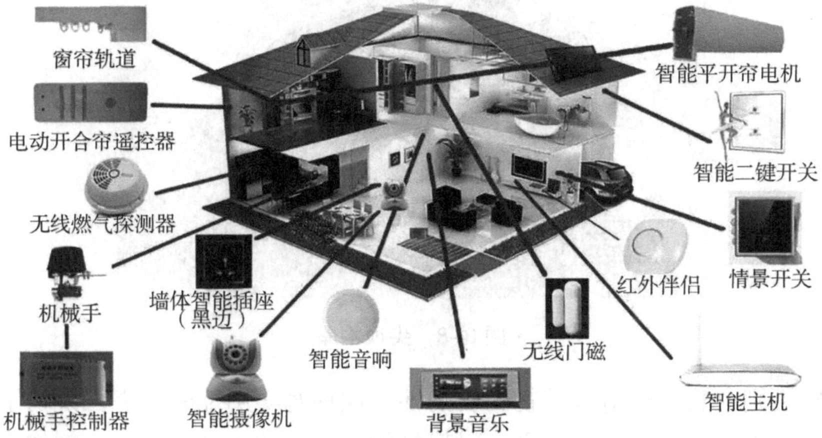


**图 3-7　智能家居系统**

## 第二节　住宅空间设计中的心理学

### 一、维特鲁威的建筑三原则

维特鲁威的全名是马库斯·维特鲁威·波利奥（Marcus Vitruvius Pollio），他是公元前 1 世纪古罗马工程师，通晓建筑、市政、机械和军工等项技术，是古罗马御用工程师、建筑师。他根据自身的建筑经验写成论著《建筑十书》，共十卷，并献给皇帝。

《建筑十书》包罗广泛，从建筑艺术到建筑教育，内容丰富。在著作中，维特鲁威提出了自己重要的观点，即好的建筑需要满足三个原则，即坚固、实用和美观。这三个原则在现代人评价一个建筑或室内设计作品时，仍然是很重要的一种标准。

坚固反映了建筑物的物理特性，即结构结实，在抵御自身荷载的同时，能够抵御外在的静荷载（如雪）和活荷载（如使用者的体重）。这一标准的内在原理反映了人类改造自然的能力，即科学和技术在建筑中的使用。这说明建筑需要满足科学性。例如，尖顶的木屋能有效减少积雪荷载，如图 3–8 所示。

图 3–8 尖顶木屋

实用则反映了建造建筑物的目的性，这种对实用性的考虑，说明了从古至今人类都在为提高生活水平，对建筑做功能上的改进和努力。例如，德国的包豪斯教学楼，其设计就提倡“功能至上”，如图 3–9 所示。

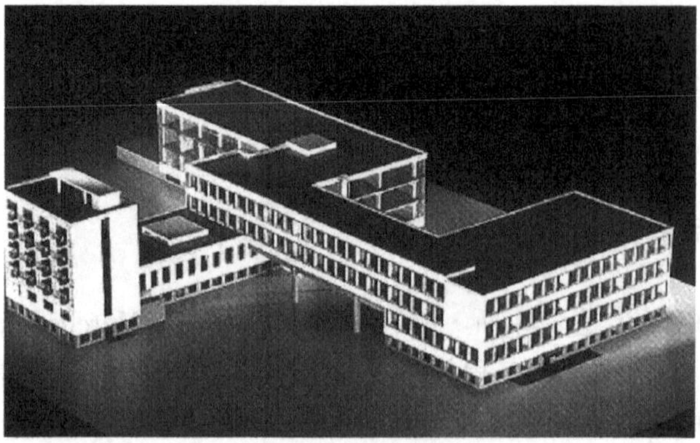

图 3–9 包豪斯教学楼

美观则反映了不同物质条件下审美情趣的区别，建筑和空间设计中的节奏、韵律等美学规律，体现了整体与秩序性。从某种意义上说，美观是衡量一个建筑是否可以被称为建筑的重要标杆，否则只能称这个建筑物为房子。海德格尔还提出“诗意栖居”的观念，让人们对住宅建筑产生更多渴望。图 3–10 为建筑师彼得 · 祖索尔的设计。

图 3–10　建筑师彼得 · 祖索尔传达美与诗意的建筑设计

维特鲁威的建筑三原则是评价古典建筑的重要标杆。然而在当今社会，物质经济条件飞速发展，这些原则有些已经出现了突破。例如，在美学上，大量作品建构了新的美学观念，但维特鲁威的建筑三原则还是被大多数设计师们奉为金科玉律。不足的是，这些原则是在公元前 1 世纪订立的。

## 二、马斯洛需求层次理论

马斯洛需求层次理论是美国心理学家亚伯拉罕 · 马斯洛在《人类激励理论》论文中提出的。马斯洛将人类需求从低到高按层次分为五种，分别是生理需求、安全需求、爱和归属感需求、尊重需求和自我实现需求，如图 3–11 所示。这一理论重点研究了普通人的需求递进关系，从基础的生存保证到最后作为人的自我超越，覆盖了个人发展的全部内容。这一理论对于工业生产、社会生活有着极其重要的影响。

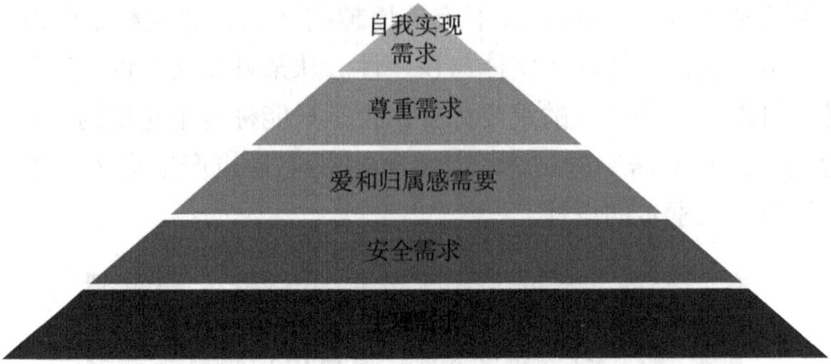


图 3-11　马斯洛需求层次

## 三、住宅室内设计的原则

结合维特鲁威的建筑三原则和马斯洛层次理论，可以看出旧有的维特鲁威三原则已经不能满足住宅设计的需求，那是因为维特鲁威提出建筑三原则是在古罗马时期，而人类的自我觉醒，即人本主义是在 13 至 16 世纪的文艺复兴运动和 18 世纪的思想启蒙运动下产生的。以人为本、以人为中心的设计思想贯穿了当代设计。因此在住宅的室内空间设计原则（图 3-12）上，还需增加一个新的原则，那就是与马斯洛层次理论中最高的自我实现需求相对应的独特性原则。

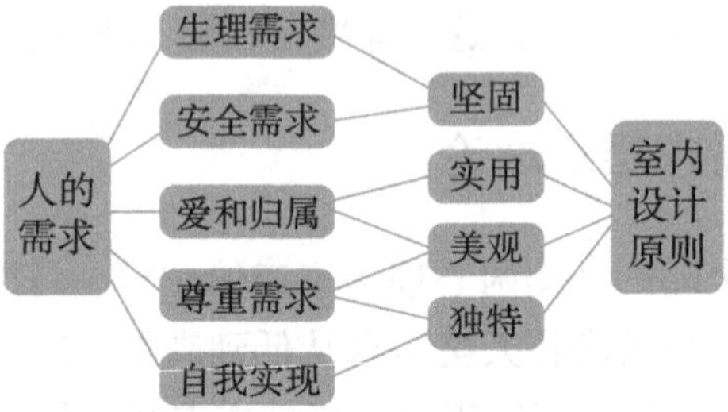


图 3-12　室内空间设计原则

独特性原则很好地展示了使用者的个性，内敛或者外向都会反映在空间设计上，与此同时更多地反映在装饰的风格和饰品的搭配上。它是以个人价值观为基础的，反对现代主义清教徒式的室内装饰风格，形成了自己的特色。

## 四、住宅室内设计的评价原则

住宅室内设计的评价原则，是在设计原则基础之上的一系列评价标准。住宅设计的一般评价标准如图 3-13 所示。针对生理需求和安全需求，要求住宅室内设计合理耐用、简单牢固，所考察和评价的重点在造价花费是否精打细算，是否在重点区域投入较多，次要区域适当节省。针对表达爱和归属感需求，评价标准是温馨、亲切，能传达家居生活里的人情味。针对尊重和自我实现需求，评价标准是设计方案能体现使用者的个性、爱好、品位和追求。这些评价标准的背后，是设计能否体现人的个人价值、便捷与尽可能自由的设计理念。

设计的评价标准在不同的需求层次上有不同的体现，对于准备外租的住宅或旧房改造项目，评价标准为成本控制和造价合理。对于婚房类小户型设计，评价标准是空间改善，并且要考虑到今后使用的延续性，增强储物能力等。对于中等户型，主要以营造业主喜爱的风格为主要任务，评价标准是体现主人的品位。而大户型或对设计有特别要求、经费充足的人群，评价标准是独一无二的空间体验，设计具有唯一性。

在一般的设计服务过程中，优秀设计师的评价标准是满足对应人群的需要；而卓越设计师的评价标准是，在各种限定下，创造出高于相应评价标准的惊喜，超出预期的设计效果常常让他们的客户感动。

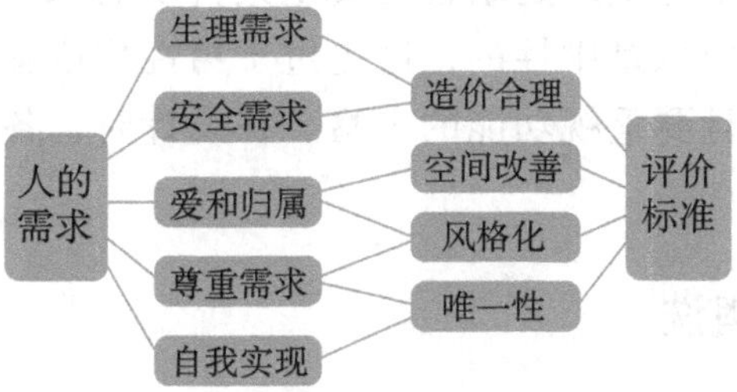


**图 3-13 住宅设计的一般评价标准**

# 第三节　住宅空间设计的常见功能

## 一、交流与起居

除建筑外檐的造型之外，客厅也是一套住宅的面子，它传达了主人的品位和喜好，是一家人交流和接待客人的主要场所。在客厅设计中，让宾客能感受到主人的热情，最主要的是别具特色。因此，客厅设计可以根据生活在其中的人，进行具体而周到的考虑。

由于客厅的外向型特征，在对整体氛围的把握时，可以非常自由甚至主观。比如年轻的单身居住者，可以考虑从感受上让客厅更“酷”或者更“甜”。男性化空间可以用水泥或墙艺漆等材料进行墙面处理，稍微粗犷一些的铁管家具或锈板这类工业感材料，也可以推荐用户尝试。在色调上，选用深色调中几种颜色的配搭，灯光处理结合使用习惯、用射灯增强照明氛围。

女性化空间则一般更加优雅。在色调上，选用浅色调，再配合柔和的照明，还可以使用墙纸和水晶灯，同时，稍用石膏线点缀，就能让整个空间呈现出奢华的气场。

然而多数情况下是不同年龄层的居住者共住的起居模式，这就需要考虑他人的感受，避免极具个性的风格，需要平衡男女主人甚至老人、孩子的审美特性。但重中之重还是结合男女主人喜欢的风格进行规划设计，这时整个空间的设计应该是中性的，避免过于男性化或女性化，色调通常为淡雅的米灰色系，且要重视功能的丰富。在设计时，各种转角和收口细节都要考虑在内。

## 二、休息与盥洗

卧室作为主要的休息空间，是住宅中最重要的部分。睡眠和休息是家的核心功能。粗略算来，占据每天 8 h 睡眠时间的卧室成为家居空间中使用时间最长的空间，因此，舒适度的满足是至关重要的。

从某种意义上来说，小面积住宅，如一室一厅的空间，基本上是卧室的拓展，为了居住需要，可能客厅的多功能沙发也可以变成临时的床。

卧室的设计，应该最大限度满足“懒”的初衷，让空间、电器为人服务，可以借鉴酒店设计的功能进行打造。在床头设计双控开关，躺在床上即可关闭房间所有照明设施，同时为了起夜方便，又不影响他人休息，声光感应地脚灯十分必要，微弱的强度不会在夜间刺眼，只起到引导作用。一张舒适的床是卧室的核心，床垫又是床的核心，弹簧垫、乳胶垫、棕垫多种硬度的床垫任君选择，还有一些功能性床垫，本身可以抬起靠背，满足更多需要，但价格也会更高。卧室的其他装饰也完全可以根据个人喜好去装扮。

按常见的住房比例，卧室面积通常在 20 $m^2$ 以内，因此，卧室可发挥的面积不大，主要在墙面、吊顶上考虑深化的可能性。墙面以床头背景墙为主，软包增加温馨感，墙纸可以是女主人精心挑选的，完全满足她的喜好。卧室照明应该多分电路来组合控制，避免相互干扰。

在套房设计中，卫浴空间附属于卧室，增强了卧室功能。经过沐浴，一天的疲乏得以消解。在卫浴空间设计中，防滑材料保证了盥洗区的使用安全，石材和瓷砖便于清洁，是首选材料。有些照明灯具结合制暖的功能，避免非供暖季室内的冰冷。卫浴已不再是被置于一个狭小角落的空间，而是可以堂而皇之与其他空间等量齐观的设计重点。卫浴空间中的产品，功能丰富，如可加热的马桶、恒温花洒、防臭防虫地漏、重点区域的照明都让沐浴、如厕成为享受。在住宅设计领域，真正的行家关注卫浴空间不会少于对客厅的重视程度。

## 三、烹调与用餐

俗话说，民以食为天，这在东西方都有体现。餐厨区设计尽量保持最短距离，减少搬运距离。厨房是整个空间中电器设备最多的部分，特别是西式厨房，开放式附加岛台更延伸了设计空间。

厨房面积不大，但五脏俱全，且包含水、火、电、气四种必备要素，因此需要精心规划。通常来说，橱柜设计融合了刚才讲到的四个要素，是厨房设计最重要的内容。

厨房除了烹饪和洗涤功能外，还容纳了电冰箱、微波炉、电烤箱、电蒸箱、洗碗机、净水器、油烟机、燃气灶、洗碗槽，垃圾粉碎机、煤气表，有时还容纳分水器。同时注意给厨房的切菜区域增加局部照明设备。这些设计虽然纷繁复杂，但给每个设备一个独立的空间，就可以让它们为一家人提供每一餐。厨房中的工作基本流程有取出食材（解冻）、洗菜、切菜、炒菜（蒸煮），因此在电器设备的排布上要尽可能合理，提高工作效率，同时应该在墙面上留足插座位置，以备不时之需。

厨房中的材料选择一如卫生间，应便于擦拭，容易清理。顶棚处理多用集成吊顶，便于局部拆卸，也能更好地容纳照明设备。

餐厅是与厨房互动最多的居室空间，基本由用餐区和储物区组成。餐桌、餐椅的风格决定了整个餐厅的面貌，风格需要对应家具选择。选择餐桌时可特别留意多功能餐桌，这些餐桌可以加长和折叠，无论用餐，还是节日招待众多宾朋都能胜任。

对于小型住宅，很多餐厅和客厅是融合的，在照明上，可以强化餐厅区，用虚拟的方式，划分出用餐区。

## 四、储藏与收纳

生活中，家是慢慢营造的，在“家徒四壁”的房间慢慢添置家具、装饰品、纪念品等，很快就会找不到下脚的地方，物质丰富之后，需要我们“断舍离”，不必要的物品可以考虑抛弃或转送他人。但是仍然有大批物品无法处理，慢慢囤积占据了本来属于人使用的空间，其内在原因主要是建筑师在有限的条件下、只能满足人的需求。对于没有单独储物间的家庭，在选择家具的时候，应该考虑收纳功能。如床可以选择上翻式，将棉被等换季物品有效储存。推拉门衣柜除了收纳能力强之外，还不占用开门空间，可以与床“亲密接触”。另外，可以在阳台上放置壁柜，将物品进行顶柜收纳。

如果房间高度允许，可以考虑局部设计日式榻榻米。榻榻米储物相当于将一个巨大的柜子放倒，而且蔺草垫下面的格子还便于分门别类地储藏，解决了很多小户型储物难的问题。

## 五、展示与享受

展示住宅中的收藏品，可以让居住者充分表达自己的价值观。通常展示区安置在玄关、客厅和书房中。

书房设计传达了主人的品位和情怀，古人说，腹有诗书气自华，因此书籍必不可少。同时家具选择上，重点考虑朴素淡雅的明式家具，尽量少用雕饰过于复杂的清式家具。

书房或客厅也可以考虑布置茶室，满足接待三五好友，品茗赏物。家具可用禅椅。各种饮茶家具可以让柴米油盐的家居生活多一番清高的禅茶境界。

如使用欧式家具，则重点考虑空间与家具的比例问题，这是因为欧式家具在面积不充裕的书房中，经常挤占交通面积而显得局促。欧式家具选用深木色，扎实厚重的木质结合舒适的靠垫，可以让主人舒适地工作。

### 六、交通与附属

在复式住宅或别墅中，垂直交通的楼梯十分重要，楼梯可以是直跑或旋转的。设计楼梯（图 3–14）需要重点考虑踏面与踢面的尺度关系，尽量避免陡峭，同时还要兼顾横梁与头部空间的尺寸。楼梯风格要符合住宅空间的整体要求。钢结构和玻璃护栏结合的楼梯具有工业感和现代感，木质楼梯则更加古朴。

图 3–14　楼梯

多层别墅可以考虑设计电梯作为楼梯的补充。有条件的情况下，家用电梯尽量考虑便于轮椅乃至急救设施的进入。

对于别墅等大型住宅，附属了很多其他空间，如地下室可以大量储物，休闲娱乐也常常纳入其中。地下室需要重视防潮，有条件可以进行通风设计。冬暖夏凉的地下室，还具有良好的隔音效果，因此常常被做成影音空间，但仍然需要增加软包等隔音措施。恒温性好的地下室可以考虑做酒窖，结合品尝区，成为住宅的亮点。

对于别墅而言，常常附带院落的规划，因此室内设计师同时还要具备建筑外檐改造经验和庭院整合能力。

## 第四节　住宅空间分析方法与设计维度

### 一、住宅空间分析方法

作为设计师，应该掌握一系列分析空间的技巧。熟悉空间功能之后，如何有机安排它们之间的关系，让住宅的利用率得到最高体现的同时兼顾美学，是每个设计系学生的必修课。

## （一）空间轴线

轴线的概念源于建筑设计。空间之间隐约的关系，可以被轴线串接起来，形成相互呼应、彼此连通的功能空间。

在欧式和中式风格中都重视对称性，轴线尤为重要。现代风格的空间，对称性被弱化，但仍有通过轴线进行审美控制。客厅和餐厅之间就有轴线隐含串联，帮助设计师分析二者之间的相对关系，照应材质或色彩。

## （二）功能动线

动线设计基于对空间功能的了解。主要空间都集中在主通道上，各种空间相互串联，就形成了居室的整体效果。动线是分析空间连接的手段，在大型住宅空间规划中尤其重要，这是因为很多空间的功能可以相互调换，从一个空间转到另外空间，可以依据空间特性合并同类项。

住宅中功能空间是组团化的，例如，卧室结合卫浴形成套房，开放式厨房结合餐厅形成餐饮区，客厅结合茶室形成起居区，等等。因此想到一个空间，应该顺带联想其他可以串联的空间，优化整合成不同平面布局。在整合时，可以考虑使用泡泡图进行初步功能设计，同时考虑各个区域的朝向及家具摆设位置。

## （三）视觉中心

视觉中心是住宅空间的点睛之笔，聪明的设计师不会将预算平均分配，在每个空间中等量投放，而是在一个空间中的某面墙上有重点考虑。视觉中心就是营造的重点，其余装饰均为烘托主景进行配搭。在视觉中心上投放的预算会产生回报，同时几个视觉中心串联出整个住宅的节奏感，如同一首曲子的几个重音和主旋律，让人过目难忘。

视觉中心可以让人忽视其他墙面，有增大空间的视觉效应。在一套住宅中，几个主要的视觉中心，如玄关、电视墙、沙发背景墙、个性化灯具、岛台或餐边柜等可串联出节奏感。卧室相对独立，视觉中心主要体现在床头背景上。

对于我国居民，电视是必备之物，看电视不是必然要素，但需要电视的声音陪伴，这在很多年轻人中都是一种习惯。因此，电视墙也是整个住宅的视觉中心，这如同西方的壁炉。在西方，特别是在冬季，壁炉提供了温暖，让家人聚集于此，这与古时生一团篝火很像，是一种承袭下来的生活习惯。美化电视墙和壁炉区，都是住宅空间设计的重要的设计内容。

### （四）拆分与叠加

研究他人的成功案例，有助于设计师提高自身水平和设计素养。任何设计都是通过不同层级的匹配、叠加得以实现的。如果反推设计案例的结果，可以将每个案例拆分成不同设计要素进行分析，再组合就可学到新的设计方法。

具体来说，一个住宅项目可以从几个维度进行分析。首先是空间分析，运用轴线和动线可以组织空间，反过来也可找到隐含在各个空间中的轴线、视角、动线，通过这些就能够把握设计者原初的意图。其次是照明设计，照明设计可以勾勒出每个空间。人工照明同时起到调节氛围的作用。把一个案例拆分来看，照明手法一目了然，也就可以从中学到经验。再次是材料的运用，在住宅设计中，运用的材料相对有限，熟悉这些材料能够迅速把握设计风格。最后是色彩，研究配色，可以让设计师以最简单的方式打造空间的特色。

此外，还有非常重要的一点，就是陈设搭配。在某种意义上，住宅的室内设计只完成了让房子成为家的一半工作，也就是说，仅仅是顶、地、墙等界面的设计，加之功能性设施如橱柜和卫浴设备安装，只能达到精装修的水准。对于生活，需要结合客户的个性，进行深入研究，找到其喜好的风格和生活样式。很多时候，设计不一定是从硬装修做起的，而应该从内部陈设找到灵感和线索，逐步完成对空间的整体规划。

任何设计都是元素叠加出来的成果，设计师的主要工作在于突破原有的界限，让空间呈现出新的感受。对元素的分析和拆解，可以让初学者找到设计规律，尽快成长为成熟的设计师。拆解与叠加两种方法互为逆运算，拆解如同分析法，通过对多个作品的拆解比较，能够总结出某个设计师或某类项目的设计规则，这些规则可以让人们从哲学角度更深入地理解设计。对于形成自己的设计哲学或让自己的作品以独特的基因一以贯之，拆解与叠加是最简单有效的方法。

## 二、住宅设计的维度

住宅设计入门不难，经过学习和实践，很快就能成为熟练掌握设计方法的设计师。然而，如果想成为优秀的设计师，则需要日积月累不断磨砺自己，总结规律，提高艺术修养，从大量实践中总结出自己的设计哲学。

研究设计案例的最大好处是通过模仿逐渐形成自己的观念，但要避免陷入抄袭和拼贴的“捷径”。一般而言，住宅设计具有以下几个维度：空间、照明、材料、色彩。下面分别展开介绍。

### （一）空间感受

设计住宅某种意义上就是设计空间，空间本身由建筑构件围合而成。如老子说的，“凿户牖以为室，当其无，有室之用”。

住宅室内空间不同于一般的建筑空间，有其自身特点。首先，私密性是最重要的。如建筑大师密斯·凡·德·罗设计的某些住宅，由于大面积使用了落地玻璃窗，而忽略了私密需求，也备受诟病。在我们的日常设计中，客厅是与外界联系最多的空间，由于私密性的要求，多数住宅希望设置玄关、屏风或采用其他手段，避免外人窥探居室内部。

其次，空间的尺度感应该与人体和谐，过于空旷的空间让人在房间内缺少安全感，而过于局促则容易产生压抑心理。适宜的比例让生活在其中的人得到身心放松，这与人体工程学的知识分不开，需要很好地了解人体尺寸。除了物理尺寸，心理尺寸也很重要，如社交距离等，这属于设计心理学，也是应该密切关注的。根据不同的空间尺寸，住宅可以分为微型住宅、小户型住宅、标准户型住宅、大户型住宅等。小户型住宅需要复合使用空间，一个空间既是客厅，也可作为餐厅、书房甚至卧室使用。标准户型住宅各自的空间独立，只要关注空间之间的联系即可。大户型住宅常见的共享空间，成为最开阔明亮的空间，其贯穿的楼层相互之间会产生交流。

最后，空间的多意性。在住宅中，设计师给很多空间分配了功能，而其实在实践中，居住者使用空间的时候是多意的。例如，客厅沙发区，很多家庭用来用餐，因为可以边用餐边看电视，这是一种生活习惯。同样，也可以将自家的沙发提供给来旅行的网友作为临时卧室。很多灰空间没有被具体定义，如屋檐下方，可以饮茶甚至望风景、发呆，这些都是房间功能的一部分，但没有明确规定。这些复合使用的空间，让家具有更多变数，提供的生活方式更独特，也更自然。

在居室设计中，大空间传递的是奢华，而小空间传递的是安适。外向型空间多奢华，内向型空间多安适，将其合理分配考验着设计师的能力。

## （二）照明语汇

自然采光是建筑不可改变的要素，纬度、朝向、层高、开窗面积、建筑间相互遮挡都影响自然采光，这里不做重点研究。设计师可以用一些改善方式，对自然采光进行优化、微调。例如，在进光的窗口下设置石材台面，反光度高的材料把光反射到顶棚上，增加室内照度；地面用材选用高反光度的浅色地砖或木地板，也可以增加光效反射能力。人工照明可以分为四种类型，下面分别进行介绍。

第一类，主照明。主照明是空间中的主要照明设施，通常为吊灯、吸顶灯。各种造型和风格的灯可满足不同住宅的需要。主照明是一种基础照明，满足基本需求。在选择主灯时，应该注意它与房间的比例，就吊灯来说，客厅使用 8 头灯具，卧室使用 6 头灯具，在共享空间则选择 20 头左右的多层灯具。灯伞的使用让光源有了方向，提供了不同方向的不同照度，人工光由此有了品质感。除了一般的吊灯外，补充性主照明主要为筒灯，包括明装和暗装两种，经常使用的暗装筒灯与吊顶无缝连接，负责将墙面照亮，丰富照明层次。

第二类，重点照明。重点照明也被称为工作照明。在主光源基础上，叠加工作照明，加强的灯光便于完成诸如读写、清洁、烹调、搜寻等内容。重点照明灯具包括台灯、落地灯、橱柜下方壁灯、镜前灯等。选用这些灯具，应该注意风格与整体设计相搭配，避免突兀。台灯和落地灯这类灯具造型多变，是陈设设计的一部分。古铜配绿色的复古灯罩，仿佛回到了民国时代。

第三类，氛围照明。氛围照明丰富了空间的气质，可以传递浪漫、柔和的情调。主要的氛围照明灯具为射灯，灯杯产生的光斑变化丰富，连续使用的射灯制造出墙面的亮与暗的节奏感。其他氛围照明灯具包括可调节颜色的灯具，其发出的有色光让墙面颜色受到影响，可改变空间的色调，传达出活泼与柔美的氛围。氛围照明灯具的类型非常多，装饰感非常强的氛围照明灯具的造型会改变空间的单调性。在儿童房，氛围照明尤为重要，可爱的壁灯或星光幕布般的顶棚，能让房间充满戏剧性。

第四类，补充照明。虽然补充照明的灯具不常使用，但其人性化的设置提高了生活品质。例如，声光感应的夜灯，拉开橱柜就点亮的灯带，橱柜内部的小射灯等。周到的细节考虑是设计成熟的体现。

除了了解照明层次及其叠加方式之外，设计师还要学会用想象去处理照明，因为光是灵动和感性的。从感受上来看，光可以分为面光源、线光源和点光源。

面光源通过漫射平铺在空间中，以主光源或背光灯片形式模拟室外光。面光源的主要材料是软膜材料，可以制造异型照明设备。

线光源又称为灯带，在居室设计中必不可少。线光源漫射出来的光均匀减淡，无刺眼眩光，因此也被称为洗墙灯。线光源具有引导效果，同时也可以柔和空间照明中墙面与顶面的转角。

点光源使用较少，但如烛光这种点光源会增添用餐时的仪式感，心情会随着火烛的跳动起伏，制造浪漫氛围。

熟悉点、线、面光的照明语汇是设计师必须掌握的，这样才能将一个呆板空间变成温馨浪漫的家。

### （三）材料触感

材料是空间的衣服，变化丰富的材料让空间产生各种各样的面貌。了解材料触感，熟悉并完美匹配设计风格是选材的首要原则。通常而言，材料在感受上分为两大类：粗犷的天然材料和细腻的工业材料。在传统设计中，细腻的材料如华丽的墙纸、光滑的大理石、温和的木地板都是主材的首选。

随着审美领域的扩展，对材料的使用也更为宽泛，粗犷的天然材料，让很多居住者乐于尝试。例如，清水混凝土，是美国建筑师路易斯·康和日本建筑师安藤忠雄的最爱。粗糙的材料经过精细处理，也可以达成别具一格的素雅，与之完美搭配的是原木，二者相得益彰，这种设计改变了住宅设计一贯的滑腻感受。

工业美学从商业设计蔓延到居室设计，很多家庭乐于尝试粗犷的铁艺或水管组成的壁灯这种造型感很“硬”的装饰物，继承了钢铁时代的热度。随着复古风格的流行，混凝土拼花地砖、硅藻泥、水磨石这些“土气”的材料，成为都市青年的新宠，通过这些材料表达他们内心的文艺情怀。在住宅室内设计中，材料分为两种：基础材料和美化材料。基础材料包括大理石、木地板、瓷砖、大芯板、石膏板等。美化材料包括墙纸、软包、装饰线条、木作造型等。

在进行材料规划时，首先要了解材料特性。以大理石为例，它不同于花岗岩，大理石是一种脆性材料，很多大理石需要在背面加上钢筋才不会碎裂。大理石可以用干挂和湿贴方式装饰到空间中，再经过结晶处理、弥合缝隙让表面形成统一的优美纹理。

木地板是最天然的装饰材料，温暖的材质传递着亲密性。木地板种类很多，分为复合地板、实木地板及实木复合地板三类。复合地板以高密度板为基层，表面贴上花纹层和耐磨层，颜色变化丰富，但感觉比较生硬。同时，复合的方式使其带有微量甲醛。实木复合地板是以多层板为基层，表面饰面为实木皮，纹理自然，价格比纯实木地板便宜，脚感优于复合地板。实木地板是最高级的类型，直接取自树木，纹理自然优美，但花样不多且价格昂贵。木地板的铺贴方式多种多样，有直铺、人字拼、拼花铺贴。不同的铺贴方式需要选用不同的地板种类，由于难度不同，费用也不尽相同。瓷砖是最主要的装饰材料，分为陶和瓷两大类。陶土砖粗犷，可以模仿砖石等室外用材料。瓷砖细腻、光滑、耐磨、好维护，经过技术变革，瓷砖可以惟妙惟肖地模仿大理石，同时不怕油污的侵害。瓷砖如大理石一样可以通过水刀加工成各种花纹，拼花造型在欧式风格中起到画龙点睛的作用。

墙纸作为美化型材料，大面积地使用有助于营造风格，较之于乳胶漆的优势在于便于清洁，可用潮湿毛巾清理。墙纸的种类可分为纯纸、PVC、刺绣等。经过精心的设计，墙纸可以通过腰线、顶线对墙面进行分割以丰富效果。近年来流行的荧光类墙纸，夜间还可发光，运用在儿童房中充满童趣。

软包除了美化作用外，还具有吸音效果，通常用在影音房中。因为饰面材质的多样性，软包的“表情”变化多样，真皮、PU、绒布都可以作为软包饰面。造型上，软包通常将墙面造型分成几块格子，如正方形、长方形、菱形等，美化了单调的墙面。

装饰线条结合木作造型，是丰富墙面的重要手段。装饰线条根据纹样不同可分为中式和欧式，点缀在住宅空间，从细部营造风格。木作造型通过高度定制化可以就墙面的具体情况进行优化设计，通过合理设计，以隐形门的方案解决了诸如在电视墙上开卧室门的问题。

### （四）色彩感觉

颜色产业是工业，不同年代的流行色，隐含着社会、经济诸多因素。经济繁荣时，鲜艳的颜色受到追捧，经济衰退时，流行色就趋于淡雅，这成了一般的规律。提到用色，必须与照明结合使用，单纯的颜色最后呈现的效果受光源显色性等因素影响很大，即使在同一个房间，转角处的两个墙面也呈现深浅和冷暖不同的颜色。

颜色是重要的视觉要素，大面积使用的颜色让人过目难忘。住宅设计常用的颜色为米色系和灰色系。这两个色系淡雅百搭，作为初级设计师，这两个色系是背景处理最保险的颜色。

色彩具有冷暖的特性，用色需要与房间朝向匹配，阳面的空间使用冷灰色系可以平衡燥热的夏日阳光，阴面的空间建议选择暖灰色系可以弥补阳光不足的缺憾。

色彩还有纯度的特性，对于某些墙面，可以选择更加鲜明的色彩。在卧室，为了营造南亚巴厘岛风情，鲜艳的浅桃红也未尝不可。有些追求极致的屋主会选择黑白配这样的极致颜色，体现对北欧生活的向往，原木色则增添了空间中的人情味。在餐厅，橙色仿佛增加了味蕾的感受力，充满食欲的颜色让空间平添用餐的愉悦。

用色的一般原则是，大面积灰色系打底铺陈色调，中等面积的对比色做衬托，小面积的鲜艳色彩做点缀，根据比例的不同，从三个角度丰富色彩的层次。

颜色的感受不只体现在乳胶漆上，墙纸也有色彩倾向，甚至大面积的窗帘软布艺也包含了大量色彩信息，因此需要结合材料选择来进行色彩规划。

人们可以从很多网站搜寻到关于色彩的信息，如潘通（Pantone）每年都会发布流行色。

# 第四章　住宅室内空间色彩设计

色彩通过色相对比、明度对比、纯度对比等手段表达人们的情感，引起联想，使人们产生不同的生理和心理反应，甚至影响人们对事物的客观理解和看法。在整个空间设计实施中，色彩作为前提和基础，占据着重要地位。而住宅室内空间设计师作为美好事物的创造者和居室设计的情感表现者，最应具备的基本功是空间色彩设计，它是空间设计的精髓与灵魂。

## 第一节　住宅室内空间色彩基础内容

### 一、色相配色

在住宅室内空间色彩设计过程中，设计师可以从色相入手，进行色相的色彩搭配。设计师可以选择色环上的任一色相，如蓝色，通过不同明度、纯度的蓝色搭配，形成同色相但不同色调的同类色搭配；也可以选择色环上相靠近的类似颜色进行类似色搭配，如紫红与紫色、紫红与红色组合；或者选择色环上相对的色彩进行组合，形成互补色组合，如橙色与蓝色搭配组合。

当遇到不知道从哪种色相着手的情况时，可以考虑根据主题内容，先确定冷、暖基调，再挑选颜色就相对容易一些。以暖色为主的色彩搭配给人的印象是生动的、有激情的、有表现力的、膨胀的，空间位置给人靠前的感觉。以冷色为主的色彩搭配给人的印象是谨慎的、冷静的。冷色系色彩搭配容易产生平静感、收缩感，空间位置给人靠后的感觉。暖色调的亮度越高，其整体感觉越偏暖；冷色调的亮度越高，其整体感觉越偏冷。

色彩“冷暖”是一个相对概念。譬如说，红色系当中，大红与玫红在一起的时候，大红就是暖色，而玫红就被看作冷色；又如玫红与蓝色同时出现时，玫红就是暖色。彩色系冷暖感觉非常突出，而无色系的色彩冷暖就不是很明显。我们一般把黑色、白色和灰色等无色系视为中立色彩，没有冷暖感，称其为无性色。但在实际运用中受到其他搭配色彩的影响，黑、白、灰等色彩也会表现出一定的冷暖感。

## 二、明度配色

在住宅室内空间设计中，不同明度色彩的产品搭配效果差异较大。明度高的色彩相互搭配，可传达纯净、甜美、轻快等感觉；反之，明度低的色彩相互搭配，会给人以厚重、传统等感觉。在同一空间的色彩组合中，陈设品色彩的明度差异大，将可达到力度强烈、富有活力等视觉效果；其明度差异小时，则可能传达平和、雅致之感。因此，在设计时，要根据主题进行色彩的清晰定位，从而选择不同的色彩明度搭配。

## 三、纯度配色

在进行室内空间搭配时，陈设品的色彩纯度越高，越容易形成强劲有力的色彩印象；而纯度越低，则越容易形成质朴、稳重的印象。在色彩组合时，纯度较高的色彩搭配组合，会形成鲜艳、活跃等感觉；纯度低的色彩组合在一起，则形成沉稳、悠然、素雅之感。在同一空间中，陈设品的色彩组合如纯度差异小，则容易形成灰、粉，甚至是脏的感觉；如果加大纯度差，即可达到较为艳丽、活跃的空间效果。

## 四、色调

色调是色彩设计中一个常用的词语，一般用色调来表述色彩的明度、纯度，以及色相的相对关系。色调是一个室内空间中主要的颜色基调，在空间设计领域越来越受到重视。日本色彩研究所研制的 PCCS 色调体系的最大特征就是加入了“色调”概念。色调由明度和纯度的数值交叉合成，意指色彩的浓淡、强弱程度。色调通常分为纯色、明色、暗色、浊色等区域。日本色彩研究所进一步将色调区域系统完善地细化为 12 种色调感觉，形成 PCCS 色调体系（表 4-1），每一种色调都会带来不同的色彩感受。

色调是影响空间整体配色效果的重要因素，对室内空间的色彩印象和感觉起决定作用。即使在色相不统一的情况下，只要色调一致，空间也能展现出统一的配色效果，传达共同的色彩印象。

**表 4-1　日本 PCCS 色调体系**

| 色调 | | 色彩感受 |
|---|---|---|
| 粉色调 | p | 粉嫩、可爱、甜美、清澈、轻柔、透明、浪漫、平静、高雅、欢快、柔美、洁净 |
| 浅色调 | lt | 清朗、欢愉、快乐、简洁、妩媚、娇媚、柔弱、柔和、轻盈、干净、明亮、明净、轻快、甜美、风雅、爽快、温柔、清纯 |
| 明色调 | b | 青春、活泼、鲜明、光鲜、光辉、华美、华丽、欢愉、快乐、运动、健美、清亮、新颖、新鲜、女性化、清新、明朗、朝气蓬勃、上进 |
| 浅灰色调 | ltg | 温柔、轻巧、轻盈、柔弱、消极、成熟、朴实、含蓄、稳重 |
| 柔色调 | sf | 轻松、悠闲、优雅 |
| 强色调 | s | 强烈、刺激、醒目 |
| 鲜色调 | v | 鲜艳、艳丽、华美、靓丽、生动、活跃、外向、发展、成长、兴奋、悦目、刺激、知同、激烈、豪迈、朝气蓬勃 |
| 灰色调 | g | 朴素、质朴、柔弱、内向、消极、压抑、沉闷、阴郁、郁闷、暗淡、稳定、成熟、平淡、平庸、含蓄 |
| 浊色调 | d | 朦胧、含糊、安好、宁静、沉稳、沉着、朴素、质朴、稳定、稳重、不变、柔弱、守旧 |
| 深色调 | dp | 沉着、稳定、成熟、高尚、华丽、庄重、稳重、老成、干练、深邃浓郁、神秘、传统、严谨、尊贵 |
| 暗灰色调 | dkg | 厚重、健壮 |
| 暗色调 | dk | 深沉、冷静、沉着、庄重、稳定、稳重、慎重、坚毅、刚毅、坚实、充分、中性、传统、保守 |

明色调就是在纯色中加入白色，白色越多，色调越淡；浊色调就是在纯色中加入灰色，灰色越浅，色调越淡；暗色调就是在纯色中加入暗色，黑色

越多，色调越暗。

## 第二节　住宅室内空间色彩分类

### 一、从色彩角色的角度分类

住宅室内空间中的色彩，既体现为墙面、地面、顶棚等界面的色彩，也包括家具、窗帘，以及各种家居饰品的色彩。每个空间里的颜色都有各自的角色身份，一般分为四种最基本的色彩角色：主角色、配角色、背景色和点缀色。能正确地区分把握角色，是设计师进行空间配色设计时有效地组织元素、搭配完美色彩空间的基础。

#### （一）主角色

配角色的角色是室内空间中的大件家具、装饰织物等构成视觉中心的主体物所具有的颜色。主角色是配色的主体和中心色，占据室内空间色彩最重要的地位，可以是一种颜色，也可以是一个单色系，其他颜色的选配通常以它为基础。

主角色的选择通常有两种方式：如要达到整体协调、稳重、平和的效果，应选择与背景色、配角色相近的同类色或类似色进行搭配；如需产生生动、活跃的效果，则选择与背景色或配角色成对比的色彩。

#### （二）配角色

配角色的视觉重要性和体积仅次于主角色，常用于陪衬主角，使主角突出。配角色通常包括体积较小的家具，如短沙发、椅子、茶几、床头柜、床榻等物品的色彩，可以是一种颜色，或者一个单色系，还可以是由若干颜色组成的色组。

配角色陪衬主角色，令空间生动感、活力感增加。通常，配角色与主角色会保持一定的色彩差异度，这样既突显了主角色，又能丰富空间层次。

#### （三）背景色

背景色常指住宅室内空间中的墙、地、顶等大面积的界面色彩，是室内空间的背景色彩，也可称为支配色，是决定空间整体配色印象的重要角色。

它通常由单色或多色组成。在室内空间中，即使是同一套家具，如果背景色不同，给人的感觉也截然不同。背景色由于其面积优势，实际上支配着整个空间的效果，以墙面色为代表的背景色，通常是家居配色首先应关注的重点。

#### （四）点缀色

点缀色是室内环境中最易于变化的小面积色彩，如壁饰、靠垫、花卉植物、日用品、摆设品等空间元素的颜色。使用点缀色通常是为了打破单一的整体效果，因此点缀色设置相对比较自由，通常是由单色或多色组成的色组。设计师可采用较为强烈的色彩，以对比色或高纯度色彩来加以表现。点缀色处在不同的位置上，都可能使主角色、配角色、背景色成为它的背景。

### 二、从色彩面积的角度分类

色彩角色的分法是以色彩的“身份”来区分的，所以主角色往往是空间中占主要地位的家具或大型陈设品等色彩载体的颜色。而设计师在进行居室色彩分析和设计时，还可以从面积的角度进行另一种形式的考量。从面积角度来划分，住宅室内空间色彩可以分为主色、次色、辅助色。空间中占绝对面积优势的色彩称为主色，而前面所说的主角色则是构成空间中焦点的色彩，二者并非重叠；面积中等，影响力稍弱的称为次色；辅助色则等同于点缀色。设计师常用的一种基本面积配色法则，其比例分配为 6 ∶ 3 ∶ 1，即主色约占 60% 的面积，次色约占 30% 的面积，辅助色约占 10% 的面积。

上述两种分法各有千秋，“四角色”直接指向各种空间元素，适用于住宅室内空间实际配色设计。“主、次、辅”从面积上归纳色彩，适于从整体上对配色印象进行分析与把握。设计师在实际的住宅室内空间色彩设计中，可将二者综合起来，完整地把握居室空间色彩设计。

## 第三节　住宅室内空间色彩设计学习要点

### 一、留心观察与收集生活中的颜色

要设计出优秀的空间配色方案，空间设计师需要不断培养自己的色彩情感，留心观察与收集生活中的色彩。花朵、树木、海水等自然景物为设计师提供了许多美妙的色彩及色彩搭配。同时，设计师还可以从儿童画中去筛选颜色；也可以从民族工艺或者传统文化中去发掘色彩；或者从世界服装大牌的新品设计中借鉴学习前沿的色彩时尚潮流。总之，设计师要用自己对自然和世界的感知，发现奇妙的色彩世界，赋予色彩以更多的情感因素，让空间的色彩充满生命力。

## 二、运用比较的方法观察配色差异

世界上的颜色没有好坏之分，只有不恰当的搭配。设计师要不断提升对色彩的感知能力与控制能力。平时浏览配色的时候，会觉得哪个方案好像都不错，但是一到实际操作时，就弄不清楚色彩究竟要怎样组合，什么才是自己真正需要的。设计师需要运用比较的方法，去发现配色之间的差异，尤其是对同一空间的两个配色方案进行比较，如鲜艳的色彩显得愉悦，低调的色彩显得高雅，在比较中求得合适的配色方案。

## 三、遵循及善用色彩的基本原理

空间设计师要进行系统的色彩理论知识学习和训练，必须了解色彩的属性，善用色彩的基本原理。无论变更配色方案中的哪个因素，整体的配色印象都会随之发生改变，直接影响整体效果。设计师要通过对色彩属性和搭配原则的掌控进行灵活调整，面对复杂的空间环境时，做出合理的判断。

## 四、考虑空间特点

对于住宅来说，不同的空间有不同的用途，如客厅属于活动性空间，卧室则用于休息与睡眠，需要安静闲适。有的空间还会存在某些缺陷，如果不能从根本上进行改造，可以运用色彩的手段对空间的缺陷进行部分调整，这是一个不错的选择。例如，当房间过于宽敞时，可以采用具有前进性的色彩来进行墙面的处理，使空间变得紧凑亲切。

在色彩的选择上要充分考虑到空间的不同用途和物理状况，以做出合理的选择和搭配。

## 五、考虑空间使用者因素和空间色彩印象

不同空间的使用者在很大程度上决定了室内空间配色的思考方向。使用者因年龄、职业、性别等因素不同，而对空间的色彩有着不同的需求。人的个性虽然千差万别，但是其中会存在某些共性，例如，年轻人更加偏爱鲜艳跳跃一点的颜色，老人家则更适应低调平和的色彩。

空间色彩印象皆是通过色调、色相、明度、纯度等诸多因素按照一定的规律组织起来的。使用者不同，其空间色彩印象也不相同。

### （一）女性空间的色彩印象

在表现女性色彩时，多数会以红、粉等暖色为主，同时选择对比弱的，明度高的粉色调和浅灰色调传达出女性温柔甜美的印象。紫色具有特别的效果，即使是强有力的色调，也能创造出具有女性特点的氛围。

以粉色为主的高明度配色，贴合女性甜美、浪漫的感觉，整体显得轻盈、淡雅、梦幻。比高明度的淡色稍暗，且略带混浊感的暖色，能体现出成年女性的优雅、高贵气质。采用冷色系时，只要使用柔和、淡雅的色调和对比度低的配色，就能体现女性清爽、干练的感觉。色彩搭配要避免过强的色彩反差，保持过渡平稳。

### （二）男性空间的色彩印象

具有男性特征的色彩通常是厚重、冷峻、刚毅的。厚重的色彩通常传达出较强的力量感，以暗色调和浊色调为主。冷峻、刚毅的色彩则表现出男性的睿智、理性、果敢，以冷色系或黑、灰等无性色为主，明度和纯度较低。

在展现理性的男性气质时，蓝色和灰色是不可缺少的颜色，搭配具有洁净感的白色，显得干练、锋利且有力度。暗浊的蓝色与深灰，则体现出高级感和稳重感，通过强烈对比来表现富有力度的阳刚之气，也是表现男性印象的要点之一。

深色调的暖色和中性色能传达出厚重、坚实的感觉，比如深茶色和深绿色等。而在蓝、灰组合中，加入深暗的暖色会传达出传统、考究的绅士派头。

### （三）儿童空间的色彩印象。

儿童给人天真、活泼的感觉。儿童空间通常与明度和纯度都较高的色彩相配，也就是明、粉色调，容易营造出儿童欢快、明朗的印象，用丰富的

红、橙、黄、绿等接近全相型的配色，有着开放和自由自在的感觉，在高纯度中透着明亮感觉的色彩，能表现儿童活泼、调皮的特点。

对于婴幼儿，则要避免使用纯度较高的色彩，他们需要享受温柔的呵护。应尽可能地采用粉色、类肤色等暖基调，营造温馨的氛围。

不同的色彩组合适合不同的居住者和不同的空间环境，设计师要通过考虑空间使用者的特点来分析空间对色彩印象的诉求，有针对性地选择色彩并且有效地组织色彩，使得各元素在满足空间机能的同时，成功地营造出理想的空间氛围。

## 第四节　住宅室内空间色彩搭配方法

住宅室内空间色彩设计是一项科学的工作，根据室内空间整体定位和要求，结合居室空间的实际情况和色彩印象的需要，进行一系列色彩元素的选择和组织活动，熟练运用色彩进行搭配，将使我们的工作事半功倍。

丰富的色彩使居室空间使用者心情愉悦，但同时要注意把控尺度，如果视觉范围内的颜色太多，就容易使人感到复杂和烦躁，合理的色彩搭配才能营造出一个和谐的居室环境，体现居住者的格调与追求。在实际配色时，设计师可以通过以下基本方法，对住宅室内空间色彩的属性进行控制，达到合理配色的目的。

### 一、近色法

近色法就是在进行居室配色设计时，选择色相相近或明度统一或色调靠近的色彩元素进行组合，以达到削弱对比、增强融合性的目的。这是一种整体融合的配色方法，常用于营造稳定、温馨、传统、恬静的居室室内效果。为了避免近色法的色彩过于一致、缺少变化，在实际操作时，如果选择色相相近的颜色，可以通过明度和纯度的改变、质地和纹样的变化，增加场景的层次变化；如果明度、纯度统一时，可选择色相的变化，甚至选择冷暖色，寻求冷暖微差。

### 二、远色法

远色法就是在进行配色设计时，选择色相、明度、纯度差较大的色彩元素进行组合，以达到强化对比的目的。这是一种突出主角的配色方法，常用于营造个性、现代、张扬、活跃的居室室内空间效果。为了避免远色法的色彩难以在同一空间中和谐一致，在实际操作时，可以选择加大所选色彩的面积差，或者通过增加中间色寻求色彩的协调。

## 三、跳色法

跳色法是在进行住宅室内空间配色设计时，选择与整体色相、明度、纯度形成强烈反差的色彩的配色方法。与整体色无色相差，有明度和纯度差的为正跳色；有色相差的为反跳色。这是一种局部主角突出或者是点缀色突出的配色方法，常用于打破空间环境的单一印象，调节空间氛围，营造活泼的、有趣味性的居室室内效果。

## 四、靠色法

靠色法就是在进行配色设计时，选择与主色相靠近的色彩元素进行组合，以达到整体氛围融合的目的。这是一种丰富空间层次的配色方法，可以形成色彩群组。

## 五、消色法

消色法就是在进行配色设计时，选择从第一印象出发，逐步消减印象色彩的方法，可以用明度、纯度的渐变递减，形成整体氛围，增加空间细微层次，强化空间的秩序感。

## 六、冲突色法

冲突色法是在进行配色设计时，选择接近互为补色的两色进行搭配的配色方法。环境中两色都会很强势，各不相让，当纯度足够高时，相邻处还容易产生眩光感。实际使用时可以通过减小面积、降低明度或纯度来抑制一方，常用于营造活泼、夸张、刺激的色彩感强的室内效果。

## 七、呼应法

呼应法就是在进行配色设计时，选择将色彩进行穿插，使某一空间或界面中的色彩，在另一空间或界面出现的配色方法。使用这种方法可以达到视觉的流线性，增强空间视觉的整体感，通过色彩面积大小的变化增强空间的节奏感。

## 八、平衡法

平衡法就是在进行配色设计时，用色彩平衡空间色彩冷暖、明暗、鲜浊的方法。常用的色彩平衡方法有互补色平衡、冷暖色平衡、深浅色平衡、有彩色与无彩色平衡、花色与纯色平衡、色彩面积大小平衡六种。

（1）互补色平衡是一种侧重协调视觉刺激的平衡。在居室室内空间中，利用互补色的组合会创造出强烈的对比，从而产生强烈的刺激感，如果想减少视觉上的刺激和对比，可以适当减少一方的面积，或降低一方的明度或纯度。

（2）冷暖色平衡是侧重协调色彩情感的平衡。冷暖色是情感倾向的表达，冷暖搭配符合视觉心理平衡的规律，但室内空间中冷暖色的比例搭配，要根据设计的实际情况去调整。不同主题适合不同的冷暖，过冷或过暖都会导致色彩情感失衡。大面积地使用饱和度高的冷暖对比色，会让住宅室内环境变得酷炫、夸张且对视觉过于刺激，设计师可以通过调整面积比来达到冷暖色平衡，使得室内场景更加稳定、舒适。

（3）深浅色平衡是侧重协调色彩层次方面的平衡，注重协调性。在住宅室内空间设计时，设计师可以通过搭配与环境色不同明度和纯度的空间产品达到深浅色平衡。如果设计的场景中只有深色，会给人带来沉重感和压力；相反，只有浅色，有时又会显得轻飘。深浅得当才会给人带来舒服的节奏感和层次感。

（4）有彩色与无彩色平衡是综合考虑画面稳定性的平衡。红、橙、黄、绿、蓝、紫属于有彩色，而黑、白、灰这三种颜色属于无彩色，有彩色和无彩色组合搭配，有聚焦、醒目且自然和谐的色彩效果，无彩色可以达到平衡协调各部分颜色的目的。简单的黑、白、灰作为设计中的主色调，有彩色则成为设计场景中的聚焦中心。

（5）花色与纯色平衡是综合考虑色彩群组之间的平衡，突出主题。常见的图案色彩组合，以及渐变色等复杂的色彩都属于花色的范畴。纯色和花色的平衡搭配，同样符合平稳协调、富有节奏感的需求，减少了色彩的失衡，从而突出主题。如果将花色置于素色之中，可以很好地形成对比，使花色中的内容突显出来。

（6）色彩面积大小平衡是综合考虑空间界面方面的平衡。对于色彩的传达，大家都会通过色彩面积的大小而感受到，色彩的面积大小对比会让我们的视线聚焦在小的色彩面积上。设计师常常通过色彩面积大小的对比和其他色彩平衡方法的综合运用来创造精彩的视觉表现和引导方式。色彩面积的大小对比可以解决很多意图传达时出现的问题，成为住宅室内空间色彩设计的关键性平衡方法。

# 第五章　居住空间设计

居住空间是一套住宅的主体空间。根据人们的居住行为模式，可以分为两大功能区域，家庭共同生活区和个人私密生活区。两大功能区域由于功能上的差别，在空间组织、家具构成、环境氛围上有着不同的要求，同时它们也存在着必要的联系，共同构成了家庭生活空间的主体。

## 第一节　起居室空间设计

家庭共同生活区是家庭成员共同生活的空间，同时也供会客使用。空间特点是活动人数较多，使用时间多数是白天（傍晚），有视听要求，空间要求较大，空间设计开放。一般家庭共同生活区对应的房间是起居室（客厅）、餐厅（用餐空间）。个人私密生活区是指卧室空间。卧室区使用时间主要是夜晚，卧室空间要求私密性强、安静、清洁、卫生、安全，使用人数一般1 ~ 2人。

## 一、起居室的功能

起居室是住宅中面积最大，使用人数最多和使用频率最高的空间。起居室功能众多，具有综合性的特点，是家庭生活的主要区域。起居室的功能包括聚会交流、娱乐、休闲等。家庭成员可以在这里通过交谈相互沟通，促进家庭的和睦，增加家庭成员的亲近感，也可以在这里接待亲朋好友，联络感情。同时，起居室还是家庭成员进行各种棋牌、健身、阅读等休闲行为和影音娱乐行为的场所。

## 二、客厅、起居室的空间特征

在我国目前的居住条件下，因为面积的制约，客厅和起居室往往是同一个空间概念，而在独立式住宅中，由于功能的进一步细化和面积指标的许可，常将客厅和起居室分开设置。在这种情况下，客厅与起居室的主要区别在于：客厅是接待正式客人或组织正式社交活动的场所；起居室则是家庭成员日常的、非正式的休息娱乐场所。客厅与起居室既可以单独设置也可以合并处理。

起居室根据住宅户型的不同，其空间尺度变化很大，位置一般都靠近入户门，形态多为矩形，日照良好，处于住宅的中心位置。一般来说，小型起居室的面积多为 3 600 mm × 4 800 mm 左右；中型起居室的面积多为 4 200 mm × 5 400 mm 左右；大型起居室的面积多为 4 800 ~ 5 200 mm × 7 800 mm。小型起居室所在的住宅面积往往在 90 $m^2$ 左右，主要适合人数较少的家庭活动使用。小型起居室往往还兼有过厅和餐厅功能，通常还有开向阳台、卫生间、厨房以及卧室的房门，空间上具有复合性和流通性的特点。中型起居室的住宅面积多在 90 ~ 145 $m^2$，因此适合大多数家庭的需要，空间形态较完整。而具有大型起居室的住宅面积应在 145 $m^2$ 以上。虽然许多家庭都希望拥有面积较大的起居空间，较大的起居室必须进行科学合理的区域划分及家具布置。倘若起居空间过大而家具设置和功能区域划分不当，反而会给人以无所适从的感觉，造成一种心理上的空间失落感。

在界面处理和室内陈设上，起居室突出地反映了住宅的风格特点，体现主人的习惯、爱好、职业、文化、阅历和审美倾向，是家庭对外展示的窗口。基于以上的原因，起居室的设计也就自然成为住宅室内的设计重点。

## 三、起居室的空间布局

起居室的空间布局要根据不同户型套内空间的特征，再结合住户的家庭生活模式进行功能区域划分，确定区域的位置、尺度大小，以满足各种家庭活动的需要。空间的布局应以满足功能为前提，科学合理地确定主要功能区域和次要功能区域的位置。由于起居空间功能的综合性，在空间的分割上强调弹性的分割方式。可利用家具、装饰隔断、活动卷帘、帷幔、推拉门、博古架、屏风、绿植灵活分隔空间，使空间相互渗透、相互贯穿。这种空间组织上的灵活性，不但丰富了住宅室内空间的层次，形成了有节奏感的空间序列，也为人们合理使用空间和合理安排家具创造了条件，从而营造一个井然有序的空间。

在起居室空间条件允许的情况下，功能区域以人的行为活动性质来划分最为有效。原则上，行为性质近似的活动应尽量设在同一区域，以减少家具陈设的数量和提高空间利用率。对于容易产生相互干扰的行为活动应设置独立的区域，或将活动安排在不同时间进行。例如，起居室的核心功能是家庭团聚与接待访客，而视听娱乐也是家庭公共活动的常见行为，两种行为同属公共活动，性质接近，所以在设计中可以将交流谈话和视听娱乐设置在同一个功能区域中。在传统设计中，起居室以中轴线对称进行布局，往往通过一组沙发或座椅的巧妙围合形成一个适宜谈话、交流的场所，各种活动以此为中心进行展开，营造一种亲切而热烈的家庭氛围。而西方住宅室内多以装饰精美的壁炉为起居室的中心，配以沙发的围合进行布置。现代中国住宅内的起居室大多数以电视机为空间焦点，通过电视背景墙和沙发的组合，形成一个家庭团聚可进行集体视听娱乐的公共活动空间。

根据住宅面积标准的不同，起居室有着不同的空间形式：一种是独立的起居室，包含餐厅的多功能空间；另一种是与观景阳台或室外庭院相连，采用落地窗或落地门的形式以充分利用室外的自然景物，使室内环境向室外自由延伸，使用“借景”的手法在室内取得开阔的视野和丰富的景观效果。

随着室内设计个性化的发展，起居室的空间设计手法和布局方式更加丰富，突破了传统方正规则的起居空间，出现了许多新型的起居空间，如圆形、多边形等，具有强烈的表现力与个性。

## 四、起居室与其他居室空间的联系

起居室在家庭空间中并非一独立封闭空间，它与其他空间如门厅、餐厅、阳台等存在着交融与渗透。

门厅是户内户外的过渡性空间，与起居室的关系密切。一些非亲友来访时只需在门厅接待，而亲朋好友可进入起居室或客厅接待。在组织门厅与起居室空间关系时，应注意协调家庭空间的私密性与流通性的关系，使用隔断、卷帘或半隔断对视线进行一定的阻隔，同时要保证门厅与起居室之间顺畅的交通关系。

起居室与卧室的关系既紧密又隔离。一方面，起居室是家庭公共活动场所，与卧室之间流动频繁，需要联系方便；另一方面起居室又是接待访客的空间，又要保证卧室的私密性。卧室的门不宜直接开向起居室，当卧室门直接开向起居室时，可将卧室门的方向改变，或增加视线的阻隔。

起居室与餐厅都属于家庭公共活动区域，二者之间是可分可合的关系。面积较小的住宅中往往将餐厅与客厅布置在一起，在设计时应以起居室空间为主导，餐厅空间为从属，可以通过家具围合、灯光、吊顶、材质、色彩等方式造成心理上的领域感，使餐厅与起居室可相互渗透，空间上不显得局促。在面积较大的住宅中，起居室与餐厅各自独立、自成一体。在当代住宅设计中还出现了餐厅与起居室之间的错层设计，这种错层设计一方面使双方各自独立，同时高低的错落增加了空间的变化，使家庭空间更加丰富多彩（图 5-1）。

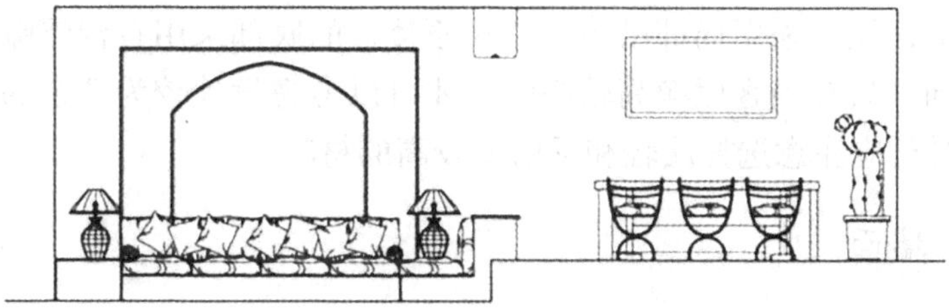

**图 5-1 利用高低差进行隔断**

很多住宅的起居室都与阳台相连，阳台是起居室向外界的自然延伸，是室内与室外空间的自然过渡，同时还影响着起居室的采光、通风、防尘，二者关系密切。在 20 世纪 80—90 年代，由于受当时居住概念的影响，阳台的设计模式单一，空间狭小，没有配套的设备管线，基本上是作为家庭的储藏空间而设置的。随着当代居住观念的发展，以及人们对居住质量要求的提高，当代住宅的阳台设计发生了本质性的变化。阳台空间成为一个独立的室外休闲空间，在这里人们可以享受阳光、新鲜空气，与大自然接触，开展种花、饮茶、健身等活动，这充分反映了人民生活水平提高后对居住健康的需求。在处理起居室与阳台空间关系时，要注意二者空间上的通透性，将室外景色引入室内，保证视线、通风与采光，提高起居室的环境质量。同时阳台也可以作为休闲、阅读、会客的区域，使家庭公共空间进一步丰富。

起居室在功能上是住宅的中心，由于与各居室密切相连，使用较为频繁，它还起着交通枢纽的作用。起居室的交通流线要合理、顺畅，避免出现斜穿、交通流线过长等问题。为保证起居室的完整性与安定性，合理的布局尤为重要，同时家具的陈设及门户的开启位置，直接决定了起居室的交通流线是否合理、舒适。

## 五、起居室的界面设计

起居室的界面处理直接影响着室内的环境和品质。不同的界面有着不同的功能和审美上的要求。

### （一）顶棚

集合式住宅的室内高度大多在 2.6 m，由于受高度的限制，起居室的顶面很少做全吊顶。由于受到吊顶中安装内嵌式灯具的限制，吊顶的高度大多在 200 ~ 250 mm，但这样做会使空间显得压抑，还会降低室内空气质量。故在多数情况下，优先采用局部吊顶，或在原楼板的底部采用石膏浮雕、木质造型进行装饰。只有当客厅净高较高时，才可以考虑设计较为复杂的顶棚。在顶棚设计时还应注意选择质轻和反射率较高的材料。

### （二）墙面

室内的侧面包含墙面、立柱、门洞。墙面在室内中面积大，与人直接接触，有壁画、雕刻、挂毡、挂画等壁饰，所以墙面的造型处理、色彩搭配、材质选择、饰物摆放对整个室内的风格起着决定性的作用，是起居室装饰的重点。

起居室的墙面装饰应注重使用者的兴趣爱好，通过装饰塑造家庭的个性，这将对家庭生活有着潜移默化的影响。设计时应首先从整体出发，综合考虑室内空间门、窗的位置，以及照明、色彩、陈设等问题，然后将侧面装饰围绕着一个主要墙面进行重点装饰。电视机、壁炉的背景墙面往往是起居室的视线焦点，应重点处理。比较常见的手法是利用各种石材、石膏板、木板、壁纸等材料，配合灯光在墙面上创造一些有特色的造型或文化符号，以突出整个房间的装饰风格，从而形成具有文化韵味的主体象征。另外，墙面还是家具、壁画、浮雕或艺术挂毯的背景，要注意发挥其衬托作用，应相互协调，保证总体格调的统一。

在实践中，起居室的墙面常用乳胶漆、壁纸、墙体彩绘、饰面板进行处理。可以搭配使用一些石材、玻璃、镜面，但不宜过多使用石材、玻璃和金属，这不仅是因为它们过硬、过冷，更是因为它们反射声音的能力强，容易影响电视、音响。面积不大的起居室不必做墙裙，因为即使做了也容易被沙发或柜架遮挡，且容易使本来就不高的空间由于增加了一次水平划分而显得更加低矮。在面积较大的客厅中，沙发等可能是离墙布置的，可以用木材或者石材等做墙裙，用以保护墙面，并增加墙面的装饰性。

### （三）地面

在使用上，地面要考虑耐磨、防滑、易清洁、防静电等，常用石材、瓷砖、木地板铺设。住宅空间相对公共空间来说面积小、家具较多，不适合做复杂的地面拼花，只有当起居室面积相对较大时，可以围绕墙边做波导线，丰富地面的层次感。一般来说，地面材质的色彩应比顶棚、墙面深，以避免产生头重脚轻的感觉。

## 六、起居室的陈设

起居室兼有视听娱乐、接待访客、家庭聚会和家庭成员休闲等功能，在面积有限的住宅内还兼具餐厅的功能，具有很强的综合性。因此需要根据住宅和家庭成员的实际需求确定家具的类型、数量、尺度和陈设的位置。

### （一）家具陈设

起居室家具包括沙发、扶手椅、茶几、电视柜等。在这些家具中，视听娱乐和聚会所使用的沙发是整个起居室陈设布置的中心，其他家具都应配合沙发的位置进行布置。根据具体的空间情况，常见的沙发布置形式有三种，分别是居中布置、单侧靠墙布置、两侧靠墙布置。确定了沙发的布置形式，就如同确定了起居室家具布置的基准线。

面积较大的起居室可以采用沙发居中放置的形式，这样可以在沙发的前后位置形成交通流线，便于活动，避免干扰。同时，沙发后部空间形成一个新的区域，以作陈设区或其他用途。较小的起居室由于空间上的限制，沙发应靠墙放置，以更充分利用空间。出于交谈、交流的考虑，沙发一般向心围和布置，形成适宜的交谈尺度，实现交谈、交流功能的稳定空间距离，舒适标准的最小尺度为 3.6 $m^2$。双人对面交谈，超过舒适标准的最小距离就明显感觉疏远，因此，在宽敞的大起居室内，座谈功能的稳定空间也以 3.6 $m^2$ 为限，独立成岛形布置。茶几与沙发的间距为 400 mm，方便起座。

视听设备是与沙发配套使用的，视听设备一般放在沙发的对面，并利用低柜或是组合柜存放，电视机的摆放高度以等于或者略低于人坐在沙发上的视平线高度为适宜。现在的电视柜一般高度都是 350 ~ 450 mm，电视摆放一般离地面 70 ~ 80 cm，以人看电视时的视线基本平齐为准，0.75 m 是大多数人的视高（1.75 m 左右身高人而言），所以根据人体工程学来说，这个高度是比较理想的。

眼睛与电视机的距离应是荧光屏对角线长度的 5 倍，平板电视的最佳视距（表 5–1），可以作为我们根据房间面积大小选择合适的电视机的主要参考依据。当然，由于外部环境和个人居室装饰的不同，视距会有所变化。电视机的安放位置，应以适合眼睛的生理要求为原则。最远与最近观看距离最好不要超过理论视距的 1/3。

**表 5–1　平板电视最佳视距参数**

| 标准屏幕尺寸 /in | 屏幕可视尺寸 /in | 屏幕实际高度 /cm | 最佳视距 /cm |
|---|---|---|---|
| 32 | 30 | 30 × 1.245=37.350 | 112 ~ 187 |
| 37 | 35 | 35 × 1.245=43.575 | 132 ~ 227 |
| 42 | 39 | 39 × 1.245=48.555 | 127 ~ 249 |
| 47 | 46 | 46 × 1.245=57.270 | 171 ~ 293 |
| 50 | 49 | 49 × 1.245=61.005 | 183 ~ 305 |
| 52 | 51 | 51 × 1.245=63.495 | 189 ~ 310 |

注：1 in ≈ 2.540 cm。

### （二）织物的陈设

装饰织物是室内陈设用品的一大类别，包括地毯、窗帘、靠垫、布玩具等。如今织物陈设在室内设计中的应用越来越广泛，由于织物覆盖面积大，所以对室内的气氛、格调起着很大的烘托作用。织物具有柔软、触感舒适的特性，所以又能有效地增加室内环境的舒适感。在起居室中，可以利用地毯划分出不同的空间区域，以不同的图案创造出不同的区域氛围。壁毯可以起到装饰墙面的作用。沙发上的小坐垫往往起到与整体环境产生对比，活跃空间气氛的作用。同时织物还有吸音、遮光的功能，能够调节室内的采光，隔绝外界噪声。

### （三）艺术品陈设

起居室中的展示柜、博古架、低柜、盆栽和有休闲性质的棋牌桌等陈设，则多数布置在起居室边角的次要位置。大面积的墙面上可以悬挂多幅画作或照片，也可以在桌、几上摆放适量工艺品、艺术品。值得注意的是，摆放艺术品既不能像货架一样满铺，也不能千篇一律或大小不分。应根据客厅的总体格调，协调地穿插其中。努力做到既有大小对比，又有色彩明度之别，还要虚实相间，这样的装饰陈设才能真正地起到画龙点睛的作用，否则会显得杂乱无章。

# 第二节　餐厅空间设计

## 一、餐厅的功能

餐厅是家庭成员日常共同进餐兼作家庭聚餐、设宴待客的空间。家庭中用餐的形式多种多样，其中最典型的包括家庭正餐、家庭宴会、便餐及特色餐（如烧烤、煎、涮）等。至于采用何种用餐方式，则应考虑家庭成员的起居和饮食习惯，根据这些习惯进行设计。

## 二、餐厅的空间特征与布局

由于住宅户型空间的不同，餐厅的空间特征和布局有较大差异。在一般情况下，餐厅常设在住宅中光线变化不大的北向，位置上处于起居室与厨房之间。这样可以使传送食品和就座进餐的交通线路方便简洁，同时与需要保持安静的卧室又有一定的距离。餐厅的面积多在 9 ~ 15 $m^2$，开间多在 2.4 ~ 4.5 m，进深与开间比多控制在 1.2 ：1 的范围内。

近年来，在一些高档住宅中出现了多餐厅格局，家庭中往往同时设置正餐厅和便餐厅。目前比较常见的是，在家庭居住面积的允许下将餐厅单独设置，这样有利于避免与户内其他活动相干扰，功能独立，形成良好的就餐环境，易表现其独特的个性。在面积有限的情况下，可以在起居室或厨房的一角或合适位置设置一个开放式或半开放式的用餐区域。在这种情况下，用餐区域的采光一般不会太好，就餐时也会受到来自其他功能空间的干扰，同时在装修设计时还应保持不同功能区域格调上的统一。

餐厅布局的影响因素有餐厅的面积、空间形态、家庭人口等。总体上，用餐区域应与厨房保持顺畅的交通流线，用餐区域的尺度应根据家庭人口数来确定。餐桌的位置是用餐区域空间布局的中心，其他陈设应配合餐桌位置进行布置。当餐厅单独设置时，可将餐桌布置在餐厅中央，方便人的来往；当餐厅面积不足时，可将餐桌布置在空间的一侧，或采用折叠式或附壁式的餐桌椅进行布置，增加在使用上的机动性，如图 5-2 所示。

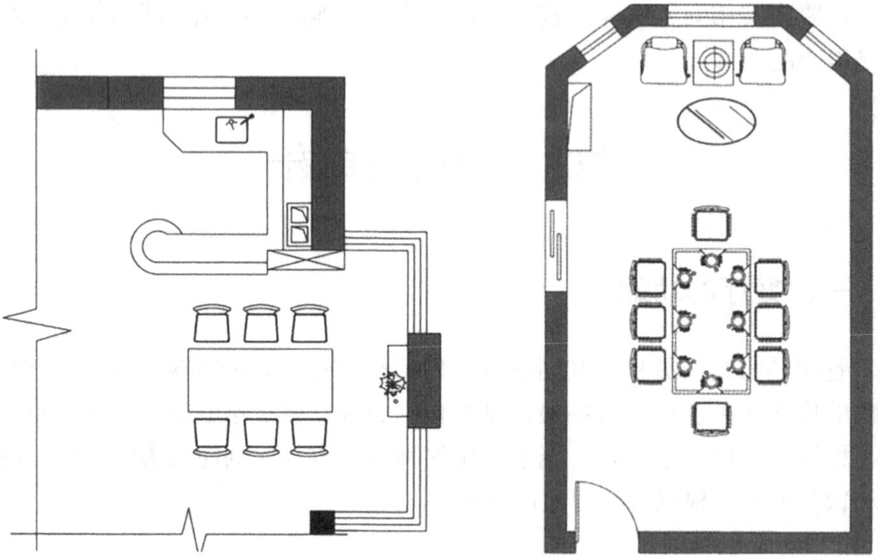

(a)　　(b)

图 5-2　独立式餐厅布局

## 三、餐厅的色彩与照明

餐厅的色彩会对就餐时的心理产生较大的影响，能引发人们就餐时不同的情绪反应。根据统计分析，橙色以及相同色相的颜色是最适宜餐厅的色彩，这类色彩有着刺激食欲的功效，不仅给人温暖、温馨的感觉，而且还能使就餐者情绪活跃，促进人们之间的情感交流。

色彩的感知离不开照明的作用，只有在一定的光照条件下人才能充分地感受和分辨色彩。根据功能要求，餐厅的整体照明要营造轻松愉快、亲密无间的氛围，主要的灯光宜集中在餐桌，起到引人注目、增进食欲的效果。灯光还应使餐布、碗筷、食物显得明亮美丽，营造出热烈的气氛。可通过壁灯作为补充光源，照亮人的面部表情，进行轻松愉悦的交谈。餐厅中的光源宜选用暖色节能灯，色温不宜过高。

一般将吊灯安排在餐桌的上方作为主要光源，除此之外，它还是餐厅中的装饰组件，还应注意吊灯的大小和形式需与餐厅的整体风格和餐桌的形式搭配。在吊灯周围可设置嵌入式筒灯、射灯、暗槽灯等，作为吊灯的补充性灯光，提高整体亮度。有的家庭在餐具柜或酒柜中展示精致的餐具、茶具和艺术品，则可在柜内装小射灯或在柜子上方安装轨道灯进行重点照明，突出局部物体，使空间显得丰富、更有层次。

## 四、餐厅的装修设计

在很多情况下，餐厅与起居室之间没有隔墙，空间上相互渗透，所以餐厅的界面设计是起居室界面设计的延续，在整体风格上要和起居室保持一致。

由于人们是坐着就餐，所以对餐厅高度要求不高，这给餐厅的顶面留下了较为丰富的设计空间。可以在餐桌的上方设计吊顶，与餐桌位置相呼应，增加空间的层次和秩序感。

餐厅的地面材料与做法首先要考虑防水、防油污、便于清洁，可选的材料有石材、地砖、木地板。当餐厅与起居室在一个空间内时，可与起居室采用同样的材料铺设地面；也可以利用不同色泽与图案的地砖或地板拼镶出一块范围；还可以使用与起居室地面不同的铺设方向增加餐厅的领域感。

餐厅立面设计时要配合餐桌的位置和其他陈设的摆放，墙面多用壁纸和乳胶漆；局部可设计背景墙增加餐厅的领域感和空间的丰富性。一些面积狭小的餐厅也可以通过在墙面设置大面积的镜面使空间得到延伸，满足心理上的需要。

### 五、餐厅的家具配置

餐厅中的家具有餐桌椅、餐具柜、酒柜。其中餐桌椅是主体，应根据空间具体情况和主人的爱好选择其形式。

一般来说，7 ~ 12 $m^2$ 的中小型餐厅可容纳一张餐桌，4 ~ 6 张餐椅和餐具柜。餐椅、餐桌的风格多种多样，餐桌的形状大多为长方形或椭圆形；餐椅应是与餐桌配套的靠背椅。餐柜起到收纳餐具和储藏食品的作用，也可根据需要用作餐厅与其他空间的分隔。餐柜按照形式可分为高柜式、低柜式及隔断式等，餐厅的位置、空间形态和面积大小直接影响着餐柜的形式与大小。餐柜还可以根据需要来选择开放式或封闭式，封闭式的餐柜更为实用，收纳更多的物品，而开放式的餐柜可兼具展示功能，用于餐厅的装饰。

## 第三节　卧室空间设计

卧室是供人进行睡眠、休息等个人私密活动的空间，是住宅中最基本的功能空间，它要求有极强的自主性和私密性，力求保证每个成员均能在自己的“小天地”里不受任何干扰，专心致志地从事个人活动，同时拥有自主的支配权。单纯的卧室是作为人们睡眠、休息的场所，是一个完全私人化的空间，是人们彻底休息、放松的自在之地，有时也是个人思考的地方。

### 一、卧室的功能

人的一生大约有三分之一的时间都是在睡眠中度过的，良好的睡眠是人工作、学习、生活的基本前提，也是身心健康的保证。卧室的功能以睡眠为主，其他休憩行为为辅。但是由于使用对象不同，休息、睡眠的行为也有很大区别，即使是同一个人，在不同的年龄阶段对于睡眠环境的要求亦不相同。应充分考虑人的个性需求，营造一个温馨、舒适、和谐、亲切、含蓄、恬静的空间氛围。随着住宅空间的内涵不断地扩大，今天的卧室也往往兼有多种功能，除了单纯的睡眠，还具有储藏、化妆、学习和休闲等功能（图 5–3）。

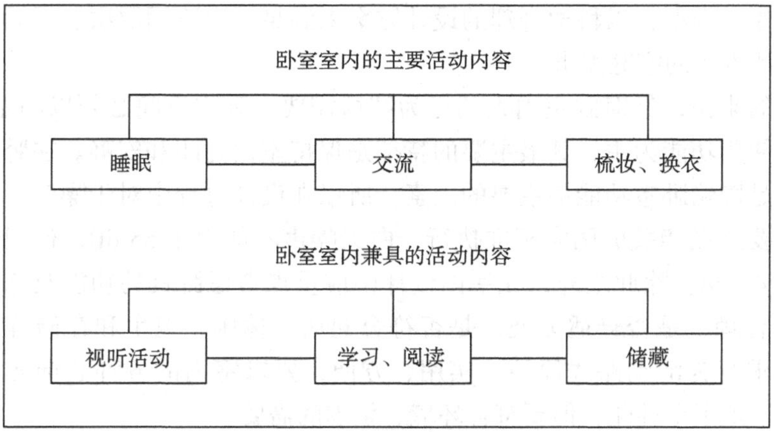


**图 5-3 卧室功能分析图**

## 二、卧室的空间特征与设计原则

### （一）卧室的空间特征

卧室，特别是主卧室大多朝南，有充足的阳光、良好的通风和较佳的景观效果。一般卧室面积多在 12 ~ 26 $m^2$，面宽多在 2.1 ~ 4.5 m，进深和面宽比多控制在 1.2 ：1 的范围内。其中主卧室的尺度较大，面宽多在 3.0 ~ 4.5 m，且功能细化，多带有卫生间，成为一个相对独立的区域。而次卧室面宽较小，多在 2.1 ~ 3.3 m 范围内。双人卧室一般为 10 ~ 14 $m^2$，单人次卧室则为 6 ~ 10 $m^2$，功能相对简化。由于卧室的私密性强，在住宅套型中往往将其安排在住宅的最里端，要和门口保持一定的距离，同时也要和公共活动区域保持一定的距离，以避免相互之间的干扰。根据卧室的功能，卧室可以划分为睡眠区、储藏区、学习区和休闲区等，卧室在空间布局上应以床位为中心，其他区域合理展开规划。

### （二）设计原则

在住宅卧室的设计中，除了性别因素以外，应根据每个家庭成员的结构、年龄、个性、爱好，甚至是各个年龄段的不同特点来设计，让卧室环境随着年龄同步变化。即要看使用对象是群体使用还是个体使用，是独居还是双居，以及使用对象的性别和关系，如夫妻、母子、母女等，还要考虑住宅使用对象是青年人、老年人、残疾人、多代人或独身等多种综合因素。针对具体的住宅套型，以科学合理的设计方案来满足社会不同层次、不同职业和不同生活方式的家庭需求。

总的来说，针对卧室内人的行为特征需要，卧室空间必须以满足休息、睡眠的使用功能为主，其最主要的特征是保持室内封闭和安静。在卧室环境中噪声是影响卧室功能最主要的因素，所以在设计过程中对于噪声污染的防护设计要遵循相关的国家标准执行，白天噪声不能大于 55 dB，夜间噪声不能大于 45 dB。除此之外，在室内设计中应重点考虑卧具的功能及陈设的位置是否合理，是否舒适方便，是否符合起居、休闲、卫生和存储等综合需要，要求行为活动路线简洁、实用、方便；要求室内的各种装饰元素应简洁，可以追求个性化，但要符合环境、氛围的需要。

## 三、卧室的分类与设计

卧室因居住对象的不同，每个卧室的从属性也应明确而固定，通常分为主卧室和次卧室两大类，而次卧室又分为子女卧室、老人卧室和客人卧室等。

### （一）主卧室

主卧室是房屋主人的私人领地，大多数是夫妻共同拥有的，具有高度的私密性和安全感要求，它既要满足夫妻双方的共同需要，又要顾及双方的个性需求。

在使用上，主卧室要满足睡眠、休息、更衣、梳妆、盥洗、储藏等多种功能。

卧室的睡眠区是卧室最主要的功能区，布局以床为中心，其他家具配合床进行布置。根据夫妻的睡眠行为不同，床的布置有两种形式：一种是夫妻共有双人床；另一种是夫妻同室分床睡眠。夫妻共有双人床容易受到相互的干扰，降低睡眠质量，但容易培养双方感情的和谐；而采用分床的方式能保持两个适度独立的区域，能将相互间的干扰降到最低程度，睡眠质量得以提高。由于人的使用行为不同，这两种布置方式使卧室呈现出两种不同的空间格局，第一种方式比较适合新婚时期的需要，第二种方式比较适合中老年夫妻的需要，也可以根据家庭的实际特点自由地选择布置形式。

双人床的布置尽可能使其三面临空，便于上下床、穿衣和整理被褥等活动。一个人正身直立通行需要的宽度为 520 mm，因此，床的边缘与墙或其他障碍物之间的距离应至少保持在 500 mm 以上，在受到限制的时候，床边缘与其他家具之间的距离最少也要大于 350 mm，保证人能侧身通过。床的尺寸没有完全统一的标准，有宽度 1 500 ～ 2 200 mm 多种尺寸。目前，在尺寸上有越来越大的趋势，而且越来越多的住户倾向于选用宽度较大的床。从舒适度来看，采用 1 800 mm × 2 000 mm 的双人床和 1 200 mm × 2 000 mm 的单人床是较为适宜的（图 5-4）。

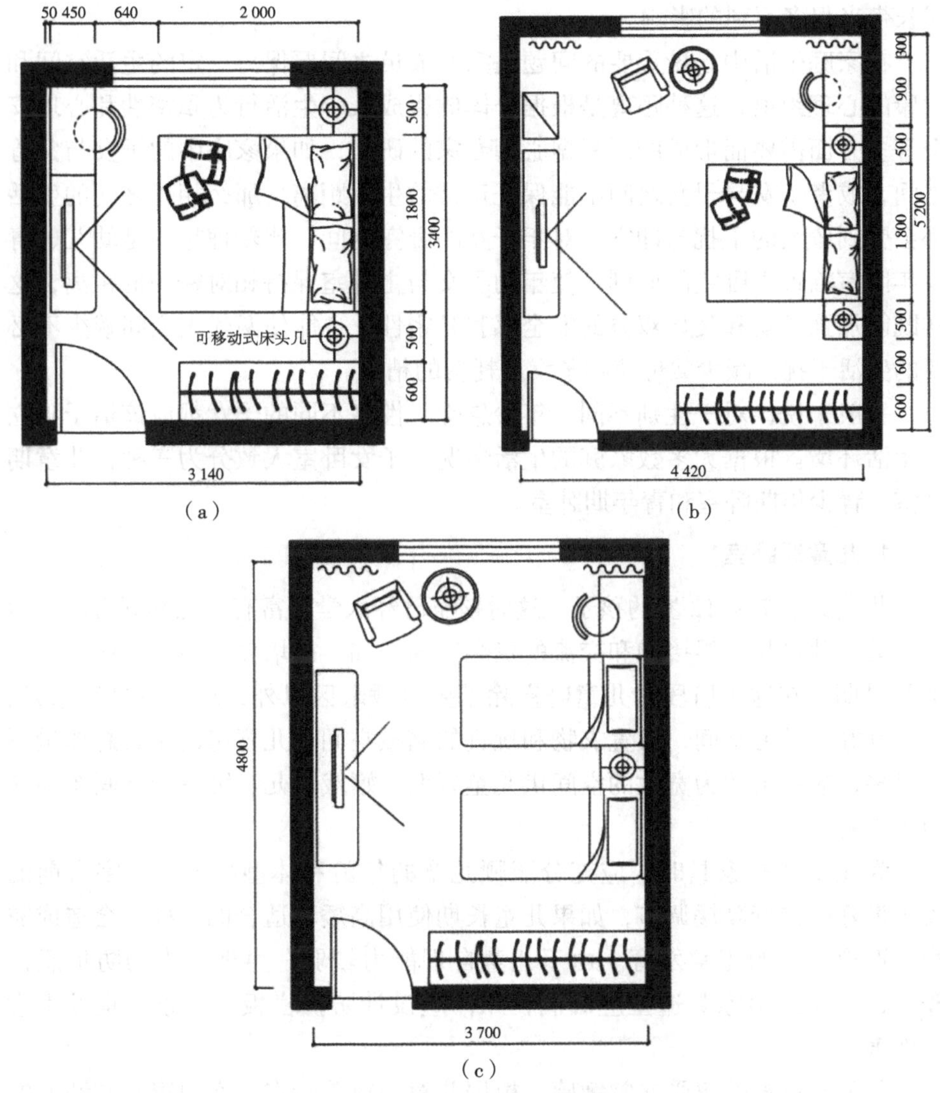


图 5-4　主卧室的布局与空间尺寸（单位：mm）

## （二）子女卧室

子女卧室是成年儿童和青少年的起居空间。子女卧室与主卧室最大的区别在于设计上要保持相当程度的灵活性，要充分地考虑和照顾到子女的性别、性格、年龄阶段和心理等特定因素。如果按照成人的思维方式和兴趣爱好进行设计，将成人的需要强加在子女身上，则会对子女的思维方式、心理成长带来很多不利的影响。

在家庭生活中，最重要的问题是家庭成员之间要保持一定的生活空间和健康的心理距离，这种距离是根据个体健康成长、生活行为私密性和心理安全等多方面需要而形成的。根据心理专家的研究，如果家庭中的子女与父母之间，或者子女与子女之间不能保证正常的生活距离，那么相互之间的生活都会受到较大的干扰与冲突。对于子女的卧室空间，比较理想的是幼儿、青少年卧室临近主卧室的原则，使年幼子女与主卧室保持相对密切的距离，这样既能加强子女和父母双方的安全感和私密性，也能使两代人之间减少不必要的生活干扰，减少父母照顾子女所耗费的精力。

一般来说，对于性别不同、年龄悬殊、性格不同的子女都应该给予独立的生活环境。根据大多数家庭的生活情况，子女卧室大致分为三种，儿童期卧室、青少年期卧室和青年期卧室。

### 1. 儿童期卧室

儿童泛指 7 ~ 12 岁的孩子。这时孩子已经入学，富有幻想和好奇心，活泼好动，独自与外界接触和交流的机会逐渐增加，是培养人格、形成脾性的重要时期。在这个阶段，儿童卧室除了要有睡眠区以外，还要有自然采光、通风良好的学习空间，放置衣物和玩具的储藏空间，儿童房的家具总体量不宜过多，应留出较为宽敞的空间供儿童玩耍、嬉戏。儿童卧室的空间布局如图 5–5 所示。

为儿童选择家具时，应充分照顾儿童的年龄和体型特征。写字台前的椅子最好能进行高矮调节，如果儿童长期使用高矮不适合的桌椅，会造成驼背、近视，影响正常发育。由于儿童自理能力较弱，生理行为的防护意识较差，儿童卧室家具造型应圆润，床体应设计防护栏板，防止儿童发生意外伤害。

儿童对色彩的感受非常敏感，根据儿童的审美特点，室内家具和墙面的颜色应以明度较高和活泼的色彩为主，以促进儿童能够有一个积极向上的心态，如奶白色、浅绿色、淡粉色、乳黄色、淡青色等。

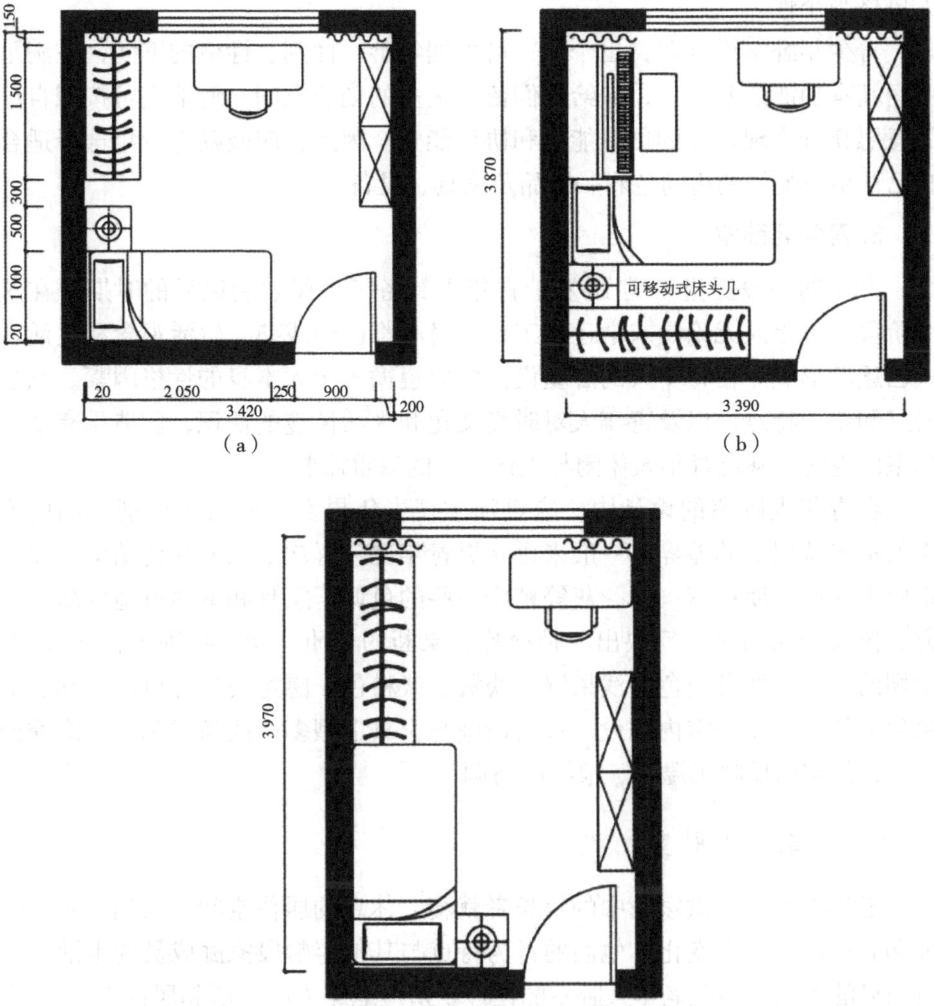


**图 5-5　儿童卧室空间布局（单位：mm）**

### 2. 青少年期卧室

青少年泛指 12 ~ 18 岁期间的孩子，也就是在校初中生、高中生。青少年时期是人一生中成长最迅速的阶段，在生理和心理上渐趋成熟，有自己独立的思想，最大的特点是精力充沛、善于思考。青少年时期开始重视男女之间的性别差异，对自己的卧室设计已经有了一定的主见，而且开始重视细节部分。他们很重视自己的隐私，但同时又非常愿意表现自己的个人风格与个性。

青少年卧室设计要突出个性，可根据年龄、性别、性格的不同，在满足房间基本功能的基础上，应给他们留下更多的创造空间，使他们可按照自己的意愿充分表现自己的创造能力和协调能力。因此，应鼓励青少年选择适合自己性格及爱好的房间色彩、饰品及家具、设备。

#### 3. 青年期卧室

青年期一般泛指年满 18 岁，青年人具备了公民权利以后的时期。在这个阶段，青年人无论是求学还是工作，身心都已经成熟，生活观念和生活方式已逐渐形成。在青年人的卧室设计中应遵循青年人本身的性格因素、兴趣爱好和职业特点，以及青年人对时尚文化和生活情趣的认识，创造具有个性的室内空间，满足青年人休闲与工作学习的双重需要。

在青年人卧室的设计中，应更加重视青年男女之间由于性别不同所产生的审美认识上的差异。一般来讲，男青年比较喜欢抽象的几何图案，在卧室中也更愿意使用蓝、青、灰等稍冷一些的色调，家具和室内设施以简洁大方、棱角分明为主，反映出一种冷静、果断的气质；女青年则多喜欢靓丽、娇媚的颜色，如乳白色、浅果绿、淡黄、淡粉色，愿意用各种色调柔和、形象生动的图案作为室内陈设，室内设施与家具造型多以线条柔和、圆润秀丽为主，使室内反映出温馨、浪漫的格调。

### （三）老年人卧室

老年人卧室是供家庭中的年长者就寝、休息的居住空间。人到老年，生理和心理都会产生变化，他们的行为特点与其他年龄段家庭成员的生活行为有明显的不同，因此老年人卧室的设计要适应老年人的生活起居行为。

人到晚年，生活方式相对简单而固定，身体素质不如年轻人，生活节奏减慢，外出活动逐渐减少，除了婴儿以外，老年家庭成员在卧室中停留的时间是最长的。因此，老年人卧室应以南向为佳，室内的采光面积不宜太大。要求通风良好，但应避免通风对流过强。由于不少老年人有起夜的习惯，老年人卧室的位置宜直通卫生间，其间距不宜过长。对于身体状况较差、行动不便的老人，尤其是孤寡老人，更需要的是精神上的寄托，他们同样渴望与外界接触，而窗户是他们与外界接触的重要媒介。可将老年人卧室置于户外景观较佳的位置，并将床移动到靠近窗户的地方，使他们可以随时观看窗外的景物与人的活动。

老年人卧室室内的设施、家具的布置要求交通动线简洁、减少障碍，有较为宽敞的空间。如果家中有行动不便的老人，还应考虑轮椅的通行空间。其陈设应尽量集中或靠墙布置，应选择低矮、没有棱角、不可折叠、不带轮子的家具为主，以便于他们顺畅地通行和取用物品，同时避免老年人一旦发生意外时造成磕碰性伤害。

老年人对卧室的装饰装修是否华丽已不再有过多的要求，他们在生活中淡泊名利，有很强的怀旧情结，因此多数老年人在室内装饰上倾向于自然、淡雅的格调。室内色彩多采用浅色为主、深色为辅的原则，家具、顶棚、墙面基调应以原木本色、淡黄色、奶黄色、浅米色等明度较高的颜色为主，辅以深胡桃木色、栗子色、柚木色作为室内的调节色。由于灰色容易给人的心理带来消极影响，故不适宜用在老年人卧室。卧室的窗帘、床罩等软装饰可采用明度稍高一些的暖灰色调。窗帘最好是双层，分别是纱帘和厚布帘，一方面可以消减室外环境噪声，另一方面可以调节室内亮度，使老年人免受过强的阳光刺激，让卧室看起来有一种宁静和谐的气氛，为老年人创造一个安稳的睡眠环境，对老年人的身心都大有好处。

#### （四）客人卧室

客人卧室是家庭条件较好、居住水平较高的家庭设置的，供客人睡眠、休息的环境空间。最主要的特点是通用性强，无特别指明的适用对象。这种卧室既可以作为家政服务人员的休息室，又可以作为临时来客的卧室。

客人卧室的装修可适当简洁一些，色彩以素洁淡雅的白色和中性色为主，不求过多的装饰。家具除了床以外，可设置必要的储藏空间，如衣柜、床头柜。

### 四、卧室的装修设计

#### （一）墙面

卧室的墙面相比其他空间的墙面要简洁一些，多选用壁纸和乳胶漆进行装饰，花纹和颜色应根据住户的个人喜好来选择。也可采用具有一定弹性的材料，如纺织面料、皮革进行软包覆盖，这样既可以起到消声隔音的功能，又能够在老年、儿童身体失去平衡时起到缓冲、保护的作用，避免更大的伤害。对于老年人来说，随着年龄的增长，许多老年人开始行动不便，起身、坐下、弯腰都成为较困难的动作，为了照顾老年人的行为特点，在墙面可以设置安全扶手辅助老年人的行动。卧室墙面往往还要设置很多电气插座和开关，应注意使用上方便安全、位置适当，照顾老年人的使用和保护儿童安全。

### （二）顶棚

由于层高的限制，大多数家庭的卧室不宜吊顶。有些别墅型住宅的层高在 3 m 以上，这种空间可根据造型风格的特征进行吊顶。吊顶可采用各种涂料和墙纸进行表面装饰，色彩应以明度较高的颜色为主，要避免室内色彩头重脚轻，造成心理上的不稳定感。吊顶除了装饰功能外，另一个重要功能是安装各种灯具和通风设施的送风口和回风口。灯具的安装要根据卧室的空间大小、吊顶的构造和审美要求综合考虑，通风设施的送风口不宜布置在正对座位与睡眠的位置。

### （三）地面

卧室的地面最好选择防滑材料，光滑的地砖或石材容易使老年人和儿童滑倒，尤其是在手持重物的情况下。卧室的地面宜采用具有弹性、步履舒适性较好的实木或复合木地板，也可适当铺装能够防滑、保暖的短纤维地毯。老年人和儿童房间的地面不宜有地台和阶梯造型，以平铺的地面材料为宜。

## 五、卧室家具的布置

由于卧室的最主要功能是睡眠，其他功能都是辅助性的，而床是完成这种行为的主要功能家具，所以卧室家具以床为中心进行布置。

床一般安放在室内最主要、最安全的位置。床头不宜设在窗口位置，靠近窗口会使人在睡眠中有不安全的感觉，窗口易于通风，使人在睡眠中容易着凉。床不宜对着门口的位置摆放，靠近门口不利于保护卧室的私密性。床的陈设也不宜正对梳妆镜或室内大面积的镜面，以免主人夜间起床时，看到活动的影像容易受到惊吓。中小型面积的卧室不宜使用有护栏、尾部有床屏的床，因为它容易妨碍室内的通行，导致使用不便。

衣柜和其他的家具要配合床的位置进行布置。对于柜类家具应布置在方便取放物品，又不妨碍身体通行的位置上为好。坐具的位置比较灵活，在不妨碍通行和存取物品的情况下，可以放置在卧室的任何位置。在一些面积较大的卧室中，会将坐具和小茶几布置在靠窗的位置，形成一个休闲区域。

# 第四节　书房空间设计

## 一、书房的功能与特点

书房是供家庭成员读书、学习、工作的活动空间，有时还兼具会客、私谈和休息的功能，对采光、防止噪声、通风等环境要求较高。书房属于具有较强私密性的“静态”空间，是整个住宅空间中最不受外部因素影响、最具个性色彩的空间，能够直接反映出使用者的文化修养、职业性质和志趣爱好。

住宅空间中的书房面积一般为 12 ~ 20 $m^2$，大致分为两种类型：独立型和兼顾型。它可以独立设置，也可以是与其他空间紧密相连的半围合的空间类型，或是完全敞开的区域。处理好书房与其他空间的关系，需要在设计时根据具体户型空间做出适当的调整和布置。

现代生活中人们对书房的功能要求更加细致化，大量的自由职业者的出现，使书房使用率不断提高，书房已经成为人们休息、思考、阅读、工作、交谈的综合场所。如果住宅空间面积较大，可以单独设计一个专门的书房；如果住宅空间面积较小，可以选择安静的、采光良好的角落作为工作区域。

书房的布置一般需保持相对的独立性，并配备相应的工作家具和设备，诸如电脑、绘图桌等，以满足使用要求。特别是对于从事美术、音乐、写作等工作的人来说，应以最大限度地方便其进行工作为出发点。而安静对于书房来说是十分必要的，因为人在嘈杂的环境中工作效率要比安静环境中低得多，其设计应以舒适、宁静为原则。

## 二、书房的空间布局

书房的布局是根据使用者的职业和习惯而定的。专业性较强的工作会直接影响书房的布局形式，如画家需要画室，音乐家需要琴房。当然，书房的布局也有普遍性，其空间基本上可以分为工作阅读区域和藏书展示区域两大部分。工作和阅读是空间功能的重点，首先这个区域要保证不受干扰，所以尽量布置在空间的尽端，以避免交通的干扰。在位置上，书桌避免靠近窗口，因为变化极大的天光容易对阅读、书写带来不利的影响，人工照明更适合书房。藏书展示区域需要有较大的展示空间，以便主人查阅，一般都是选择靠整面墙的空间放置，并和书桌保持较近的距离。图 5-6 为独立型书房的平面图，图 5-7 为兼顾型书房的平面图。

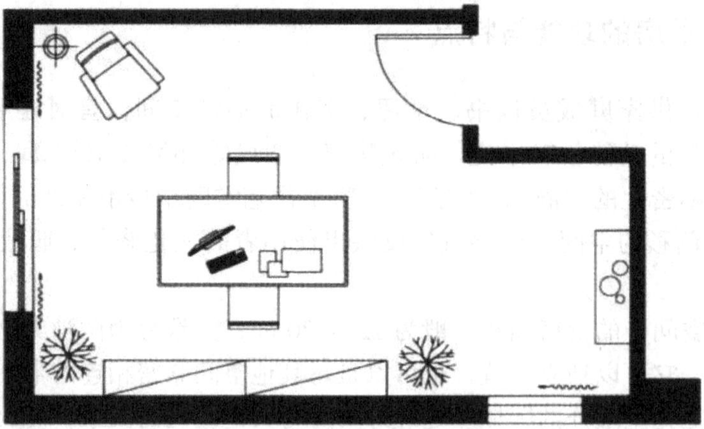

图 5-6　独立型书房平面图

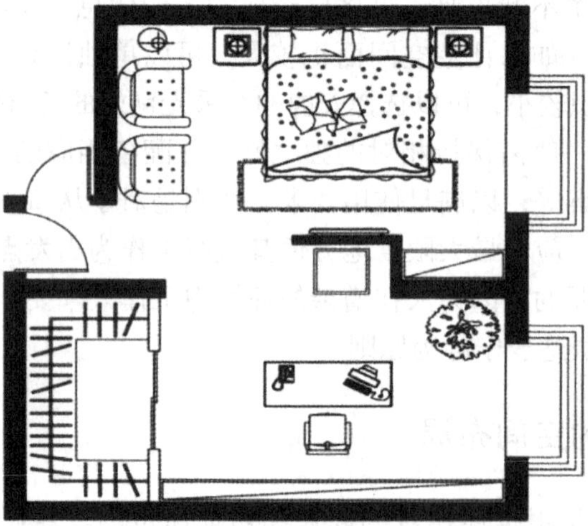

图 5-7　兼顾型书房平面图

## 三、书房的装修与色彩

由于书房要求室内必须要有安宁的环境，尽量不要产生噪声，因此书房可采用隔音或吸音的装饰材料进行顶棚、墙面的处理。例如，选用颗粒较粗糙的涂料或壁布喷涂和裱糊顶棚；地面除了采用隔音和吸音较好的木地板铺装外，还可以在上面铺设各种羊毛、亚麻、人造纤维地毯。

书房是人们冷静思考或专心工作的地方，因此室内的色彩要以素雅、平淡、沉静为主。一般业主都选用“四白落地”的装饰手法，五彩缤纷、喧闹的氛围会强烈干扰阅读和思考。长期在电脑前工作的人，容易产生视觉疲劳，使用偏冷的浅色系的色彩（如淡绿），能够缓解视觉疲劳的产生。

## 四、书房的照明

书房对照明的要求比较高，室内照明既要满足阅读、书写和电脑操作的需要，也要考虑室内陈列、展示的需要。因此需要从自然采光、全局照明和局部照明三个方面综合考虑。

书房的位置常设在朝北的房间，这是因为来自北向房间的光线柔和、间接、无眩光，且比较稳定，其光线不会随着时间的变化有太大的改变，不容易引起视觉疲劳。同时书房设在北向，书房中的各种书籍、计算机的屏幕不会被紫外线直接照射，延长保存和使用寿命。

对于灯具的设置与安装要结合工作行为和空间布局的需要进行考虑。全局照明要使光线均匀分布于室内工作阅读区域或书桌平面，手和身体不至于在书桌平面留下阴影。书桌上的光源宜明亮，照明面积大，位置宜设在人的左肩上端。书房中的光源宜采用无频闪的荧光灯，这种光源应具备以下特点：与自然光色彩近似的白色光；亮度稳定，没有闪烁现象；发光面积大，不宜产生眩光及阴影；光照均匀，而且亮度在一定范围内可调。在藏书展示区域，可以在书柜内部设小射灯或灯管作为局部照明。这种照明有助于查阅书籍、提高陈列品展示效果，还可以保持温度，防止书籍潮湿变质。

## 五、书房的家具与陈设

书房的家具主要是贮存图书、资料，以及用于书写、阅读的，当空间宽裕时还可以设置沙发、茶几或坐卧两用的折叠沙发床。书柜可以是封闭式的，也可以是敞开式的，一般采用敞开与封闭相结合的形式较为理想。封闭部分可用于展示陈列品，敞开的部分通透性较好，便于存取书籍、资料，同时也可以发挥书籍本身的观赏价值。书房内的座椅与桌面高度要符合人体工程学的要求。好的桌椅，不仅使用舒适，还使人在长期的伏案工作中不易产生疲劳。书房的窗户应设较厚的窗帘，可以隔绝室外噪声和减少室内的声音反射。

书籍本身就是书房中最好的装饰品。大量的书籍陈列会表现出浓厚的文化气息，使主人产生一种心理上的满足感。除此之外，属于个人兴趣爱好和反映个人经历的收藏品均可作为书房的装饰品，如各种活动留下的纪念章、奖杯、证书、照片，个人收藏的古玩、字画、钟表和盆景等，这些物品都具有很强装饰性，反映出主人的兴趣、修养与成就。

## 第五节 厨房空间设计

在过去的住宅设计中，厨卫空间的设计往往被忽视。常出现厨房、卫生间面积过小，流线组织不合理，管线设计不到位。随着当代生活质量的提高，住房面积的增加，人们已经逐渐意识到厨卫空间的质量影响着整个住宅的质量。当代住宅要求厨房、卫生间要有足够的面积，合理的流线组织，细致到位的管线布置。同时在厨卫空间的设计中，还应当充分考虑现代化厨卫设施、设备的布置与使用，满足现代家庭生活的需要。

在当代住宅户型设计中，厨房、卫生间的空间与功能意识正在逐步加强，双厨、双卫设计，卫生间的干湿分离设计已经非常普遍，这些都是对传统住宅户型设计的变革，是提高住户生活质量的关键。

厨房是家务活动的中心，需要设计师统筹规划，与水、电、通风等专业化工种配合，提供整洁卫生、布局合理的操作空间，以提高家务活动的效率，减少家务活动的疲劳。

### 一、厨房的功能

#### （一）烹饪功能

厨房的烹饪功能包括烹饪前的准备，有洗、切、准备等工作和烹饪操作。

#### （二）加工功能

厨房的加工功能包括对蔬菜、肉类、面食的进一步精细加工以及对较大水果的处理，这些工作对厨房的卫生条件要求较高。

#### （三）清洁洗涤功能

厨房的清洁洗涤功能包括对餐具、炊具、瓜果蔬菜等的洗涤，对厨房餐台等设施的日常清洁和维护，有些厨房中还配备洗衣机、洗碗机。

### （四）储藏功能

厨房的储藏功能是指与厨房操作活动相关的各类用品的储藏，包括粮食类、食品类、蔬菜类、餐具类、炊具类、机具类、调料类、饮品类、去污清洁品类等用品的分类储藏，以及废弃物的存放。储藏空间是厨房内必不可少的部分，也是厨房内占用空间最多的部分，是实现厨房美观、实用、舒适、方便的重要功能。

### （五）就餐功能

由于受生活方式和户型面积的影响，有些厨房将用餐空间纳入厨房之中。我国的烹饪方式包括煎、炒、烹、炸等，在操作过程中容易产生大量油烟，在设计时要给予充分的考虑。图 5-8 是厨房功能解析图。

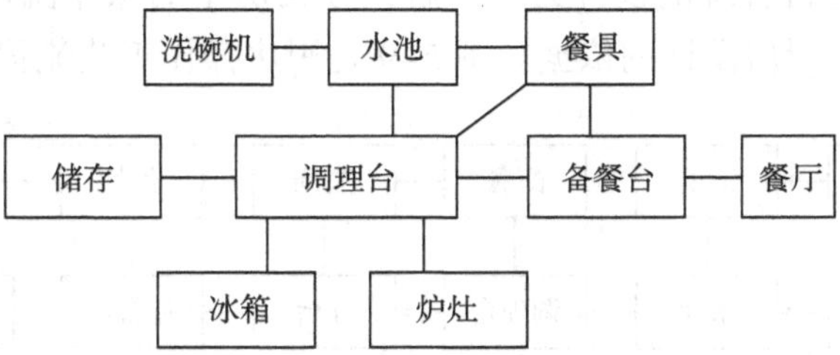


**图 5-8　厨房功能解析图**

## 二、厨房的空间组成分析

厨房虽然空间小，但功能复杂多样，根据厨房的基本功能，厨房由以下四种空间构成。

### （一）操作空间

厨房的操作空间包括以下三部分：

（1）烹饪空间：操作者进行烹调活动的空间，此空间主要集中于灶前。

（2）清洗空间：完成食品、餐具的清洗所需要的空间，主要集中于水池前。

（3）准备空间：进行餐前准备、烹调准备、餐后整理活动所用的空间。主要集中于操作台前的空间。

### （二）储藏空间

储藏空间指的是厨房内一切用于储藏的空间，如冰箱、橱柜、吊柜、吊架等。

### （三）设备空间

灶具、水池、抽油烟机、微波炉、上下水管线、煤气通道等厨房设备所需的空间，称为设备空间。

### （四）通行空间

在不影响厨房操作活动下可通行的通道，称为通行空间。

## 三、厨房操作工艺流程

要对厨房进行合理的设计必须了解人在厨房中的操作流程，分析其中的规律，以其作为厨房设计的依据。图 5–9 是厨房操作工艺流程图。

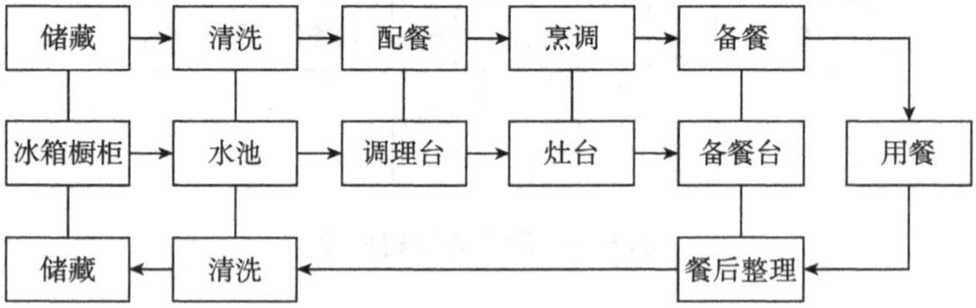


**图 5–9　厨房操作工艺流程图**

在厨房的一系列的操作中，由于操作设备的位置不同，操作者需要往返于多个设备之间。据瑞典家务管理研究所的统计，人们在炉灶、洗涤池和冰箱三者之间往返的频率是厨房活动中最高的，以这三点之间的连线构成的三角形，称为厨房的“黄金三角”。三点连成的线段称为“厨房动线”，动线长度指三点所连成的三角形的边长之和。动线太长或者太短都不好，动线太长会使操作者进行多余的劳动，而且浪费厨房空间。动线太短会使操作空间太小而影响操作活动，同时也影响操作者的心情。比较适宜的动线长度在 3.6 ~ 6.6 m，其中动线长度在 4.5 ~ 6.0 m，且三角形呈正三角形（图 5–10）时，厨房工作最为有效，同时也最为省力。据统计，一个合理的工作三角形可以使操作者节省 60% 的往返路程和 27% 的操作时间，大大提高了厨房的工作效率。

厨房设计应从合理的厨房操作流程的角度来考虑厨房各设施的布置位置，按照厨房动线的合理长度的原则，考虑各设施之间的距离间隔，从而达到资源的最优化配置。

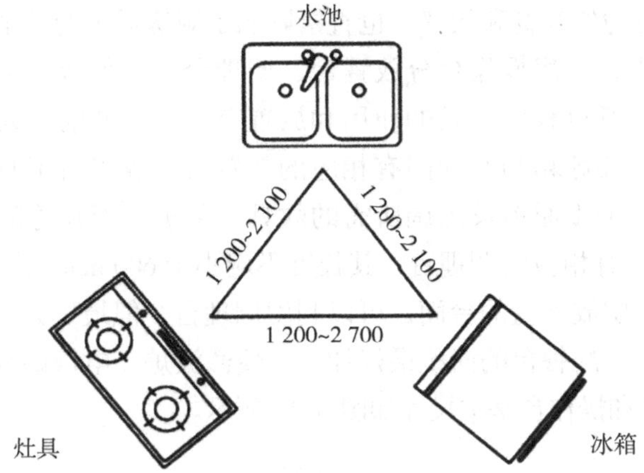


**图 5-10　厨房工作三角（单位：mm）**

## 四、厨房设备和操作台的基本尺寸

### （一）厨房设备

厨房设备是指放置在厨房或者供烹饪用的设备、工具的统称，如洗涤台、灶具、抽油烟机、电冰箱、微波炉、消毒柜等。这些现代化的设备给我们的生活带来极大便利的同时，它们的尺寸和使用方式也制约着厨房的空间组织。厨房常用设备尺寸如表 5-1 所示。

**表 5-1　厨房常用设备尺寸表**

单位：mm

| 设备名称 | 平面尺寸（长 × 宽） |
|---|---|
| 煤气灶具 | 700 × 380 |
| 电冰箱 | 550 ~ 750 × 500 ~ 600 |
| 不锈钢洗涤盆（单个） | 370 ~ 450 × 320 ~ 350 |
| 不锈钢洗涮台面 | 850 ~ 1050 × 450 ~ 510 |
| 电烤箱 | 400 ~ 500 × 300 ~ 350 |
| 微波炉 | 500 ~ 600 × 400 ~ 500 |
| 抽油烟机 | 750 ~ 560 |

### （二）操作台

操作台是用于备餐和烹饪等操作所使用的柜台，是厨房设备中的重要组成部分。它的用途几乎贯穿厨房烹调操作的全过程，它的尺寸与设置形式直接影响到炊事行为的顺畅和效率，也直接影响了厨房低柜的基本尺度。

从功能上讲，厨房操作台分放置台、调理台、备餐台三个部分，其尺寸及面积大小与烹饪过程中器具的使用和放置有关。烹调前，人从冰箱拿出各种食物，这时需要冰箱与水池间有相应的放置台。放置台不宜小于 300 mm。烹调中，洗切、加工原料及烹调所需的炊具、菜板、刀具等的摆放，都需要在水池与灶具中有相应的调理台，其长度不应小于 600 mm。烹调后，将菜肴、主食盛出，需有摆放碗盘的台面，可以利用调理台，但最好另设配餐台。由于厨房设备的增多，配餐台的面积最好加大，使微波炉、电饭煲等设备可以放在此处。厨房设备和操作台基本尺寸如图 5–11 所示。

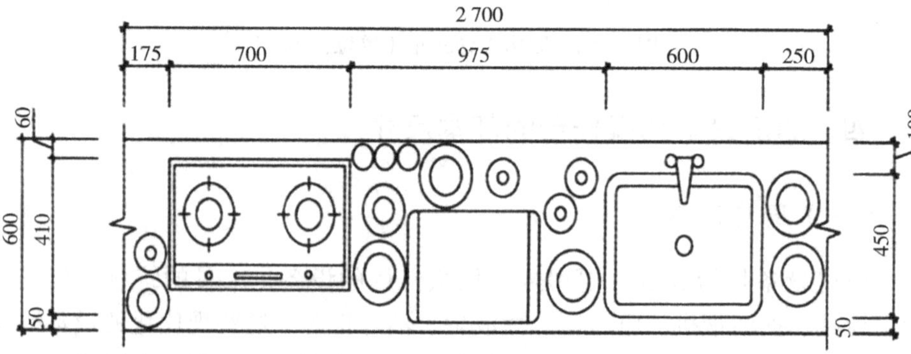


**图 5–11　厨房设备和操作台基本尺寸（单位：mm）**

## 五、厨房的布局形式

根据不同厨房的面积和空间形态特征，常见的厨房布局类型有一字形布局、L 形布局、通道型厨房、U 形厨房、岛式厨房五种。但是，无论哪种形式，其框架设计都要遵循“三点原则”，即把“烹饪中心”“储物中心”“盥洗中心”三个点，即相关功能区放在最合适的位置，提高厨房的工作效率。

### （一）一字形布局

一字形适合在面积较小，面宽狭窄的厨房空间中使用。把所有的工作流程都安排在一条直线上完成，节省空间。为了增加使用面积，也可安排一些能伸缩或可折叠的面板（图 5–12）。

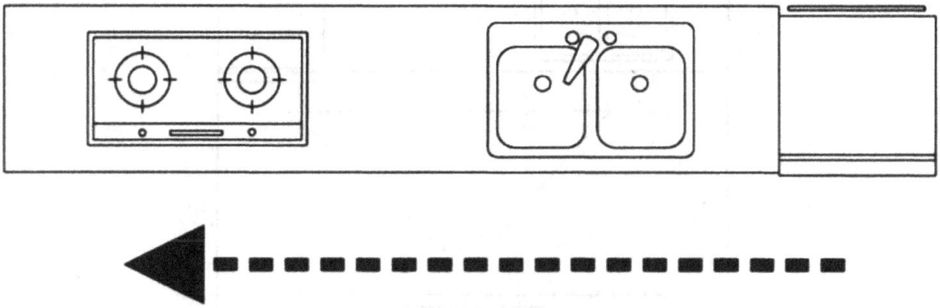

图 5–12 一字形布局示意图

## （二）L 形布局

L 形布局（图 5–13）适合面宽在 1.8 m 以上的厨房空间，优点是联系冰箱、水盆和灶具之间的交通不会被打断，橱柜沿墙布置成 90°，操作路线最短。但 L 形布局的交角处形成的储藏死角，容易给取物带来不便。

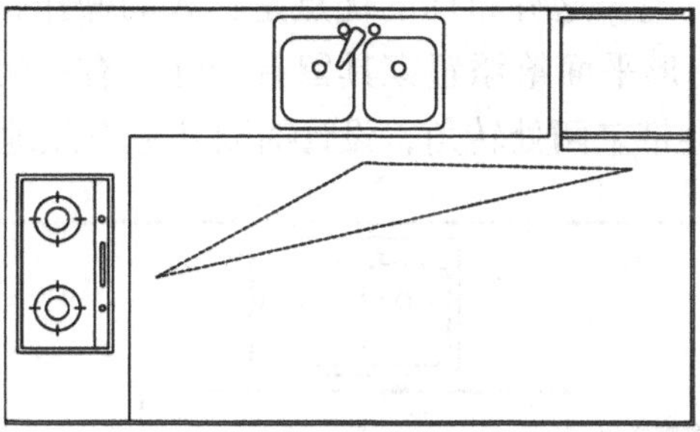

图 5–13 L 形布局示意图

## （三）通道型厨房

通道型厨房（图 5–14）的家具布置在两侧，空间比较紧凑，比其他布置形式少走路，能提供最好的工作台面，工作三角很有效，所有的贮藏空间方便可及。但也存在很多不足，此种布置方式水池和灶具经常布置在两边，人在里面操作需要 180° 转弯，增加体力消耗量，且管道两边布置，容易暴露出来，影响厨房整体的美观。厨房两边工作点的最小间距以不少于

0.9 m 为宜。

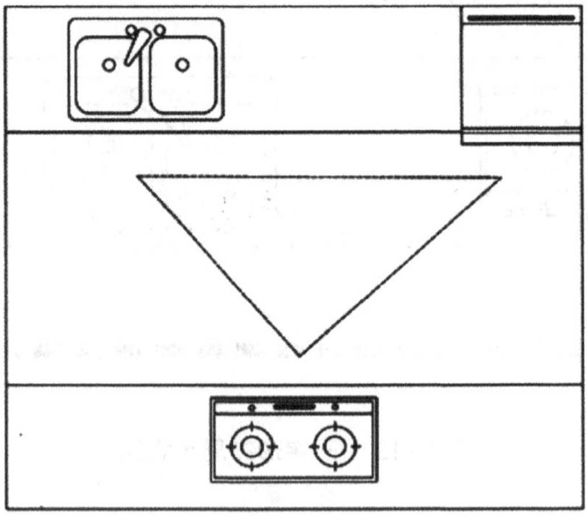

图 5-14　通道型布局示意图

### （四）U 形厨房

U 型厨房（图 5-15）布局较科学高效，是比较理想的厨房布置，适用于面积标准较高的住宅。这种布局的优点是：人的操作路线集中，储藏空间多，且利用充分。U 形平面给添置家具留有余地，有一角可以考虑高柜或冰箱。但是 U 形布局会带来两处转角，设计时要注意有效地利用。

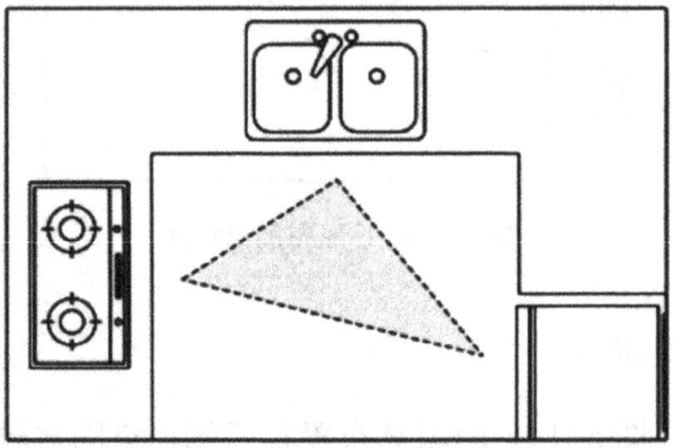

图 5-15　U 形厨房布局示意图

### （五）岛式厨房

在现实生活中，厨房内很少单独使用岛式操作台（图 5-16），带岛式操作台的厨房，除了中间岛状的操作台外，四周往往还会结合前面介绍的一字形、通道型、L 形或 U 形橱柜一同使用。也正是因为如此，这种布局方式往往在开放式的厨房中比较常见，它可以和餐厅或早餐室的设计结合起来进行设计。

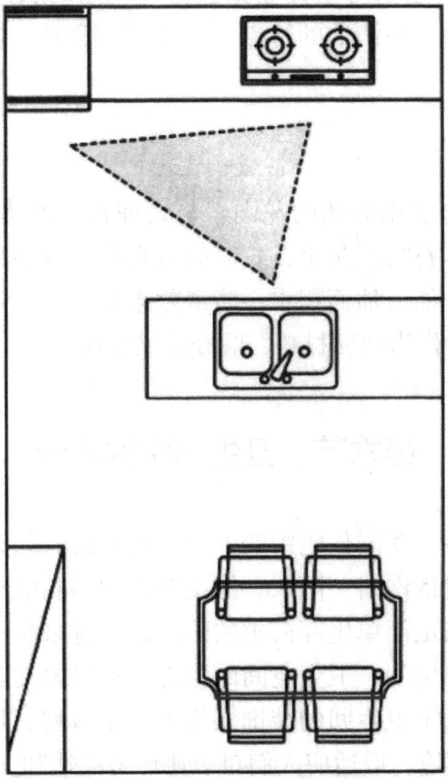

图 5-16　岛形厨房布局示意图

## 六、厨房的界面处理

根据厨房的功能特点，在界面处理上要重点考虑防火、防潮、防污等问题。

### （一）立面

绝大多数的厨房都选用瓷砖作为立面的材料，瓷砖物理稳定性，有耐磨、耐酸碱、防潮、防污、易清洗、不变色等优点。同时瓷砖的种类和形式繁多，可以通过不同的纹理、色彩与排列方式组合成各式各样的图案，满足人们家居审美和个性化的需要。

### （二）顶棚

厨房多采用塑料扣板与铝合金扣板作为顶棚的表面材料，它们具有防火、质量轻、耐腐蚀、易清洁的特点，并且安装容易、拆卸方便，给维修带来了便利。

### （三）地面

厨房地面不适合使用天然的花岗岩与大理石，虽然这些石材坚固耐用，华丽美观，但是天然石材不防水，长时间有水点溅落在地上会加深石材的颜色，防污效果不佳，如果地面积水，防滑效果也不好。所以，目前厨房中多用防滑瓷砖或通体砖作为地面材料，既经济又实用。

# 第六节　卫生间空间设计

随着时代的发展，我国住宅中的卫生空间从仅有便溺、洗漱功能的单一空间逐渐发展成为包括洗浴、洗衣、储藏在内的多功能空间。人们对卫生间的要求已经超越了满足简单生存需求的阶段，在越来越多的住宅套型中出现了两套及两套以上卫生间，卫生空间的形态、格局也在发生变化，同时人们将更多的精力投入到了卫生间的装饰装修中，用造型、灯光、绿化多种手段改善、优化卫生间环境，以适应人们对居住环境舒适和文明的要求。

## 一、卫生间的功能

住宅卫生间是处理家庭生活卫生和个人生理卫生的专用空间，其基本功能主要包括便溺、洗浴、盥洗、洗衣等（图 5–17）。

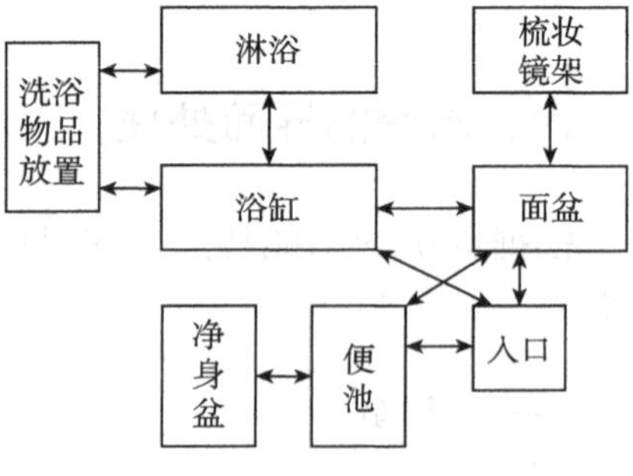

图 5–17　卫生间功能分析

（1）便溺（即大小便），这是非常私密的卫生行为，也是卫生间的最主要的功能，所要求的主要设备有大、小便器，妇洗器，纸盒，通风设备等。如果便溺功能置于独立空间内，则称之为厕所。

（2）洗漱、洗发、剃须、化妆等功能，便是常说的盥洗区，需要配置的设备有洗脸盆，化妆镜、储物柜、电源插座及局部照明装置等。

（3）洗浴空间是卫生间内极为私密的空间，在面积有限的情况下可用隔断处理，以满足卫生要求。在面积较大的住宅中，洗浴空间可作为浴室独立设置。洗浴空间所要求的卫生设备有浴缸或淋浴器、贮藏柜、散热器和通风设备。

（4）洗衣也是卫生间主要的一个功能，但随着现代生活方式的转变，越来越多的住宅套型将洗衣空间转移至生活服务阳台。

## 二、卫生间的使用

卫生间是住宅中的辅助空间，虽然空间面积小，但是从实际的使用角度来看，卫生间是住宅中使用频率高、使用人数较多的“功能单元”。要在有限的住宅面积内提高卫生空间的使用质量，卫生间的设计必须遵循人的使用规律来进行。

卫生间的使用特点，归纳起来有以下几点：

### （一）使用人群

成年人、老人、残疾人、婴幼儿在卫生间的使用上有不同的要求。成年人每天化妆、梳理的时间较长。老年人、残疾人由于行动不便，在使用卫生间时容易发生事故，必须重视安全保护设计，在必要的位置设置扶手、取消地面高差、选择专用的洁具。婴幼儿在使用卫生间时需要成人的帮助，并在一段时间内需要专用的便盆、澡盆，需要考虑洁具的合理放置。

### （二）使用时间

早晨是卫生间使用的高峰期，家庭成员几乎在同一时间开始洗漱、梳理，使用厕所，对于只有一个卫生间的家庭来说，会带来使用上的矛盾和不便。晚上的时间相对充裕，人们在使用时间上可以相互错开，但是晚上的洗浴时间较长，仍会有便溺和洗澡之间的矛盾。老年人和有起夜习惯的人在深夜需要使用厕所，冲水的声音可能会影响他人的休息。

### （三）私密性

大小便、洗浴是十分私密的卫生行为，需要一个非常私密的空间，而洗漱、化妆可以放在半公共空间来进行。在面积允许的情况下，可以将洗脸池与厕所独立出来，以便不同人员同时使用。

## 三、卫生间的基本设备分析

卫生间的设备种类较多，根据卫生间的功能可以分为厕所、洗浴、盥洗三大部分，每个部分都需要配备相应的设备。随着我国人民生活水平的提高，卫生间的面积扩大，卫生间的设备种类和样式呈现出丰富多彩的局面，一些带有健康、保健、放松功能的卫浴设备进入家庭，如电话、电视、桑拿房、按摩浴缸等，人们在生理需求得到满足的同时越来越关注心理需求，卫生空间的性质也朝着舒适化、休闲化的方向发展。

### （一）厕所部分

便溺是卫生间最基本最原始的功能。需配置坐便器或蹲便器、手纸盒等设备，如果家中有老人或残疾人，还需在旁边设置扶手，辅助其活动。

便器分为坐便器和蹲便器，多为釉陶瓷制品。坐便器相比于蹲便器，使用起来更舒适、省力，是家庭卫生间主要使用的类型。坐便器的形式很多，按类型分为挂箱式、坐箱式、连体式；按结构分为冲落式、虹吸式、喷射虹吸式、旋涡虹吸式；按安装方式分为落地式和壁挂式；按排污方向分为下排式和后排式；按用水量分为普通型和节水型；按用途分为成人型、幼儿型、残疾人、老年人专用型。坐便器的生产由挂箱坐便器逐渐向座箱坐便器、连体坐便器发展，其排水方式则由下排水向后排水方式过渡。保障排污功能与节水则始终是消费者最关注的重点。

便器与附属设施的尺寸关系到使用者的舒适度和使用安全，尤其在有老年人和残疾人的家庭中应给予充分的重视。纸盒的位置设在便器的前方或侧方，以伸手能方便够到为准，高度一般在距地 500 ~ 700 mm 处。卫生间是老年人活动最为频繁，也是最容易摔倒、受伤的空间。出于安全性的考虑，应在便器旁设置安全扶手。垂直扶手帮助老年人站立、下蹲、起身。扶手底端距离地面宜为 650 ~ 700 mm，顶端高度宜在 1 300 mm 以上，与便器距离宜为 150 ~ 250 mm。水平扶手帮助老年人行走、移动，距地高度宜为 650 ~ 700 mm。

### （二）洗浴部分

洗浴部分的设备主要是浴缸和淋浴器。

### 1. 浴缸

浴缸的类型多样，其产品按功能分普通浴缸和按摩浴缸。按摩浴缸集沐浴与健身多功能为一体，多用于豪华私人住宅及高级旅馆的豪华客房。

浴缸按材质可分为铸铁搪瓷浴缸、钢板搪瓷浴缸、亚克力浴缸。其中铸铁搪瓷浴缸的优点是坚固耐用、易清洁，缺点是重量大，造型设计受限制，价格高。亚克力浴缸质量轻、款式多样、价格经济、触感温和，缺点是不耐用，易划伤。钢板搪瓷浴缸介乎二者之间，价格经济、重量轻，同时易于清洁，但在使用过程中易产生噪声，造型变化少。

浴缸按照造型分为深方形、浅长形和折中型三种形式。深方形节省空间，使用时不够舒适；浅长形能够躺平，可使身体充分放松，但占用空间面积大；折中型取以上两种形式的长处，既能有一定舒适性又节省空间。浴缸的形式及尺寸如图 5-19 所示。

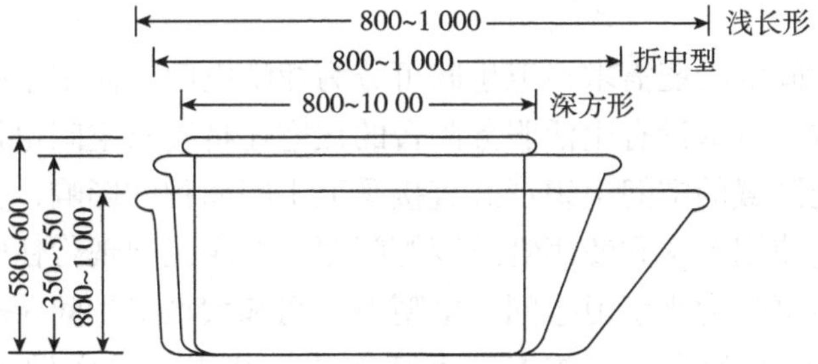


**图 5-19　浴缸形式及尺寸（单位：mm）**

浴缸的放置形式有搁置式、嵌入式和半下沉式。搁置式浴缸搁置在地面，嵌入式浴盆嵌入地面，半下沉式浴盆三分之一埋入地面，如图 5-20 所示。

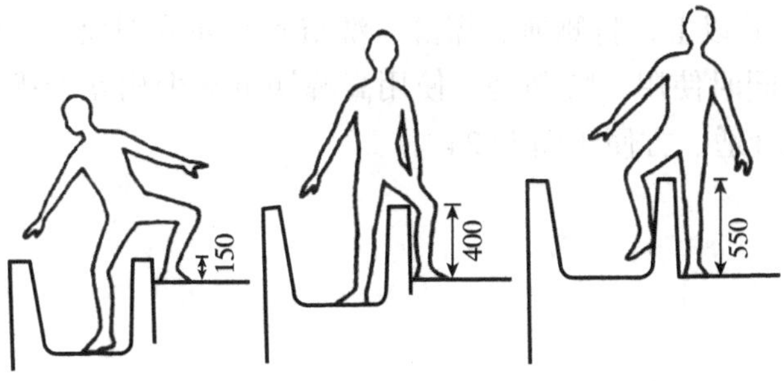


**图 5-20　浴缸的放置形式（单位：mm）**

### 2. 淋浴器

与盆浴相比，淋浴具有占地空间少、使用方便、节水、卫生、造型丰富、安装方便的特点。如果安装淋浴房，还应具有良好的保温、隔水、防滑的效果。目前由于受多方面的影响，淋浴仍将成为现阶段的主要洗浴方式。

### （三）盥洗部分

洗面盆是盥洗部分最基本的设备，材料多采用陶瓷、人造玛瑙、玻璃、亚克力等。洗面盆主要类型有立柱盆、挂墙式面盆、台盆和组合型洗面化妆柜等。洗面盆有各种各样的形状和规格，一般嵌在台面之中或独立安装。立柱盆占用空间较少，面盆下空间开阔，易于清洁；台盆又分为台上面盆和台下式面盆；挂墙式面盆直接将水管包入墙体中或采用半挂式柱脚。

## 四、卫生间的平面布局

根据卫生间的功能需求，卫生间可分为盥洗空间、便溺空间和洗浴空间三大功能区域。有些没有生活服务阳台的住宅还将洗衣空间也设置在卫生间内。这些功能区域的空间组织形式直接受卫生间面积的影响，关系到卫生间的交叉使用、使用效率和使用舒适度等问题。按照我国现行住宅卫生间面积状况，卫生间可分为小型卫生间、中型卫生间和大型卫生间。小型卫生间面积以 3.5 ~ 4.5 $m^2$ 为主，可放置三大基本洁具和主要卫生设施（图 5–21）；中型卫生间面积在 5 ~ 8 $m^2$，除设置洁具外，还将卫生空间划分为干湿分离或洗浴分离两部分。洗浴分离是指盥洗空间与厕所、洗浴空间分离（图 5–22）；干湿分离是指厕所空间与盥洗、洗浴空间分离（图 5–23）。两种分离方式分别提高了洗浴空间的卫生环境质量和盥洗空间的使用效率。大型卫生间面积在 8 $m^2$ 以上，将厕所、盥洗、洗浴各空间分别独立设置，优点是各功能区域可以同时使用，特别是在使用高峰期可减少相互干扰，各室功能明确，使用起来舒适、方便（图 5–24）。

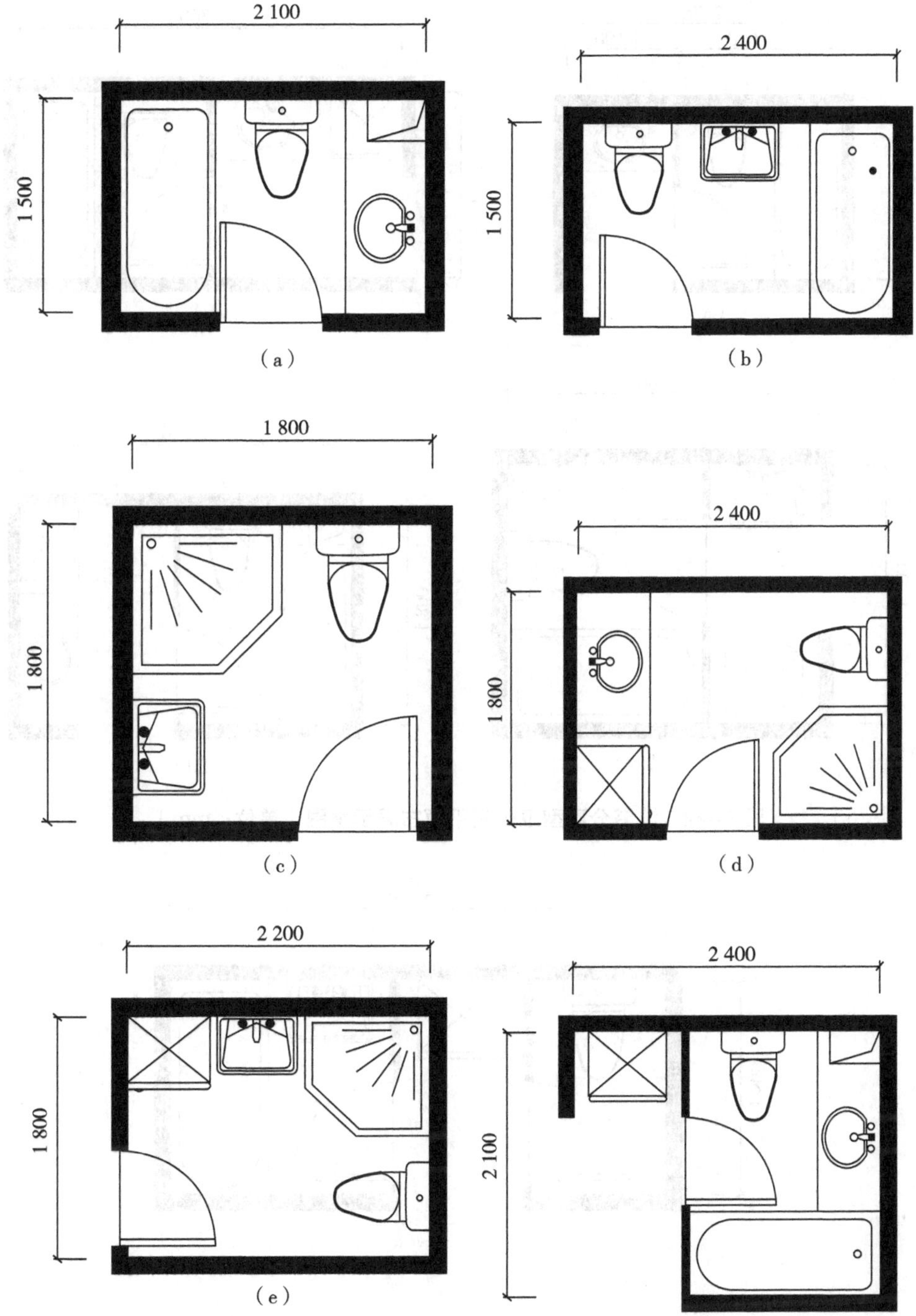


图 5-21　小型卫生间平面布局示意图（单位：mm）

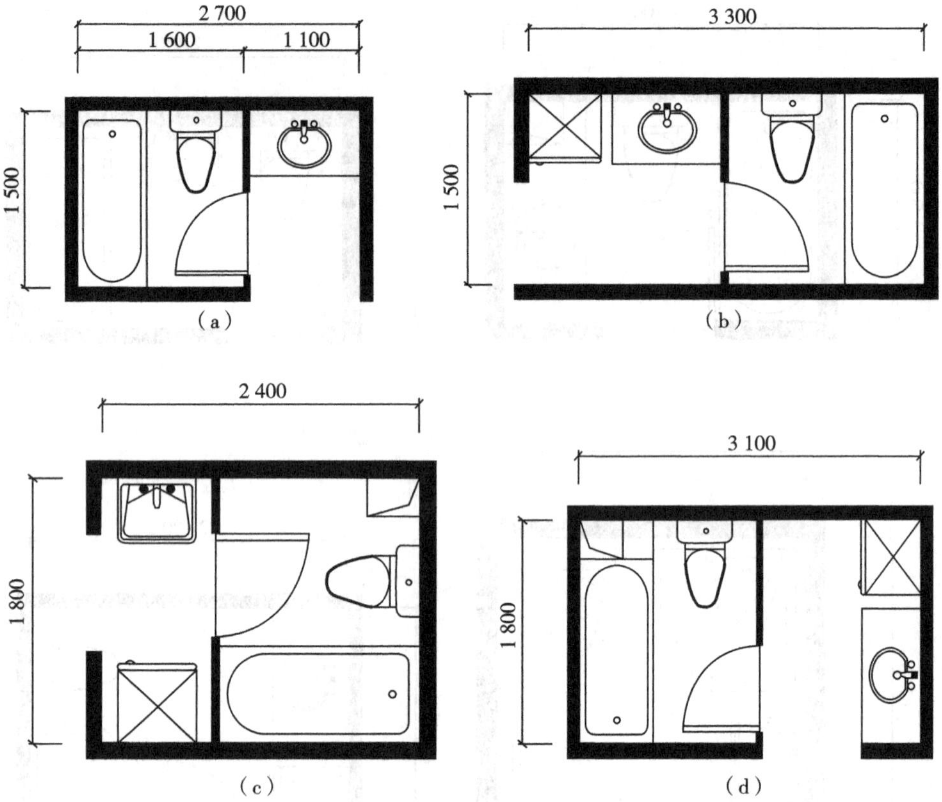


图 5-22　洗浴分离型卫生间平面布局示意图（单位：mm）

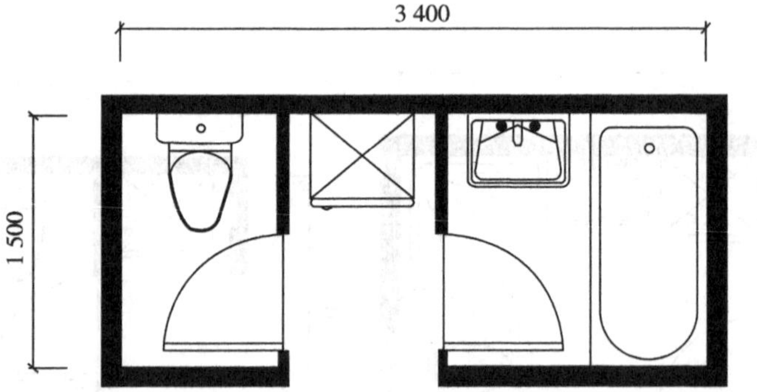


（a）

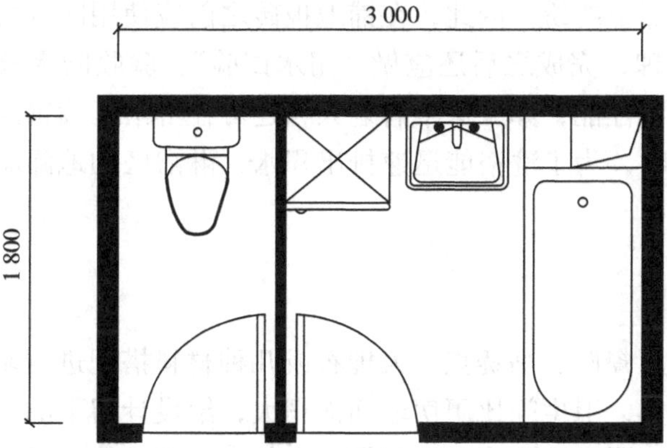


（b）

**图 5-23　干湿分开型卫生间平面布局示意图（单位：mm）**

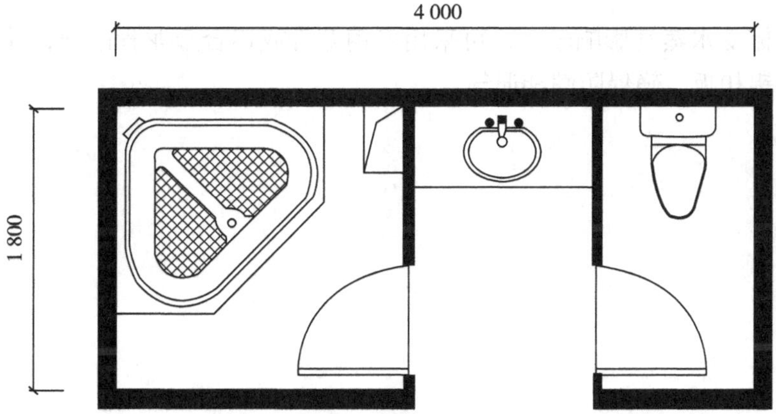


**图 5-24　独立型卫生间平面布局示意图（单位：mm）**

## 五、卫生间的界面处理

为了保证室内环境的整洁，卫生间的界面处理首先应考虑防潮、防水，其次随着生活水平的提高，人们也开始注重卫生间的风格与特色等问题。

### （一）地面

由于洗浴的影响，卫生间环境非常潮湿。在洗浴时不光地面会积水，而且洗澡水还会喷溅到墙面，一旦发生漏水或返潮等问题，不仅影响使用，更有甚者会产生邻里纠纷。因此，在铺地板砖之前应使用防水材料对地面、墙面进行防水处理，完成之后还应做“闭水试验”，验收防水效果。卫生间的地砖要考虑防滑性能，如果家中有老人，还可在淋浴区设置漏水格栅，保证防滑效果。同时，为了洗浴能迅速排出积水，淋浴区的地漏应低出其他地面10 ~ 20 mm。

### （二）墙面

卫生间常用瓷砖、马赛克、大理石或几种材料搭配进行墙面装饰。由于没有过多的家具，卫生间比厨房墙面面积大，给设计留下的空间较大，可选择的瓷砖样式、图案也更多，可根据业主的喜好和整体的风格选择相应的颜色与图案。

### （三）顶棚

顶棚受水蒸气影响较大，可采用轻钢龙骨或铝合金龙骨吊顶，并配以微孔方形铝扣板，确保防潮和通气。

# 第六章　过渡与收纳空间设计

随着生活水平的大幅度提高，日新月异的各种新型电器、家具和生活用品正涌入千家万户，并不断地变化、更新。家庭用品的更新换代成为大多数家庭环境改变的一种必然规律，但淘汰不等于替代。一方面，部分用品虽然陈旧，但还有使用价值，同时这些物品也是家人情感的寄托和对家庭历史的记录。另一方面，居家生活中的生活必需品及临时性物品都需要一个空间来收纳。这样不仅方便收纳和使用，还能得到良好的空间视觉效果，而不至于影响室内环境。

## 第一节　收纳空间设计要素

随着生活水平的提高，人们对空间收纳的要求越来越高。通过分析收纳空间的基本设计要素，人们能够充分利用空间，提高收纳空间的使用价值。收纳空间涉及的设计要素复杂多样，下面将详细分析收纳空间中所囊括的各种要素的性质。

## 一、收纳的地点、位置

收纳的地点和位置直接关系到被收纳物品的使用便利度和使用效率，最便捷的方式是将物品收纳在使用地点的附近。例如：在阅读区域附近设置书架存放书籍；在更换衣物区域附近存放衣物；在厨房作业区域放置厨房专用器具（图 6–1 至图 6–3）。当收纳空间不足时，也可以在使用地点的附近，利用其他收纳工具存储物品。同时，收纳空间的设计应符合人体工程学尺寸的要求（图 6–4）。

图 6–1　衣服收纳

图 6–2　厨房器具收纳

图 6–3　书籍收纳

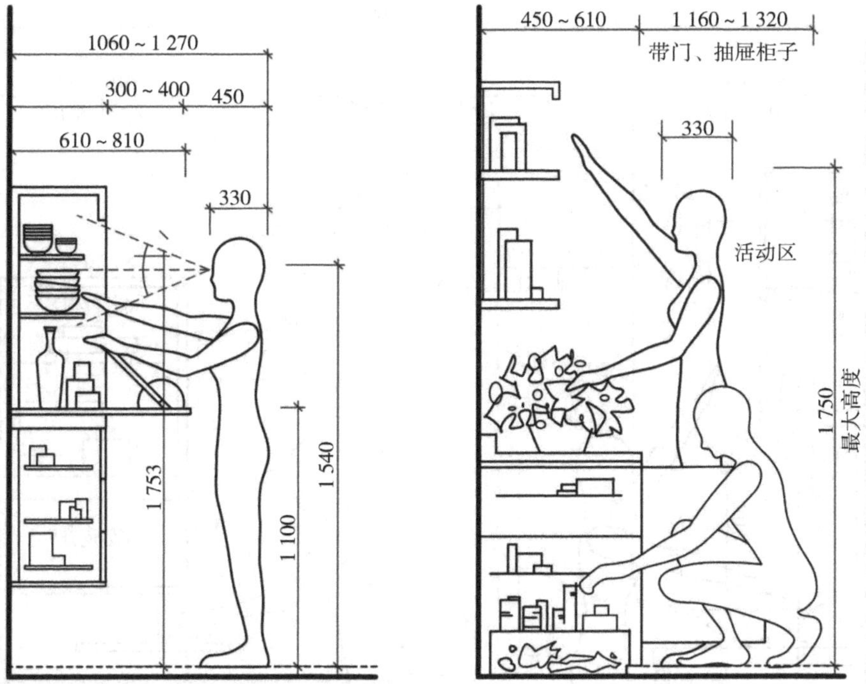
1060 ~ 1 270
300 ~ 400
450
610 ~ 810
330
1 753
1 100
1 540
450 ~ 610
1 160 ~ 1 320
带门、抽屉柜子
330
活动区
1 750
最大高度

（a）

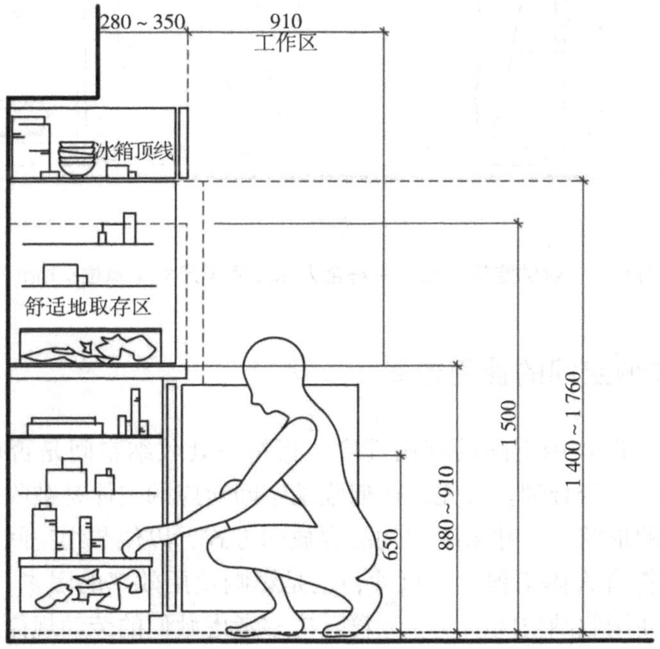
280 ~ 350
910
工作区
冰箱顶线
舒适地取存区
650
880 ~ 910
1 500
1 400 ~ 1 760

（b）

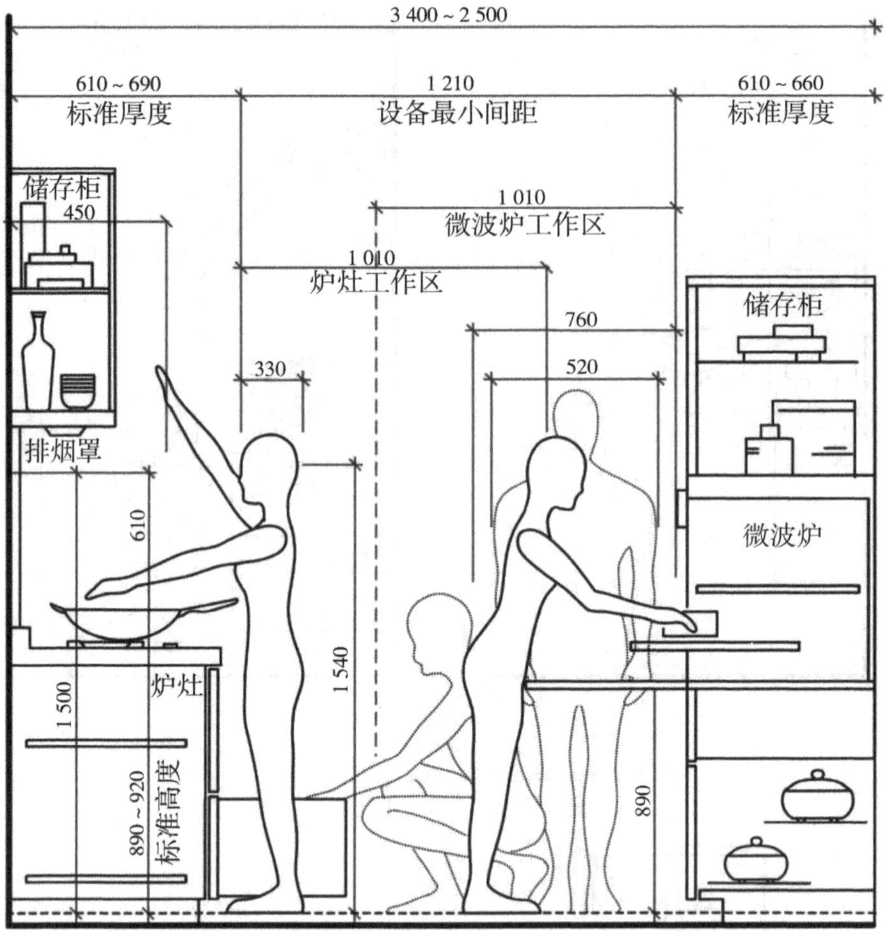


（c）

**图 6–4 收纳空间的设计应符合人体工程学尺寸（单位：mm）**

## 二、收纳空间的使用效率

使用效率即收纳空间的利用程度，指每一处收纳空间是否得到充分利用，物品摆放是否合理。首先，任何收纳空间对应的主体是被收纳物，因此应根据物件的形状、尺寸来决定物品存放的方式，以便节约空间。其次，收纳空间是否符合人体工程学的尺寸，也是影响使用效率的因素。一般来说，家庭主妇是使用收纳空间的主要人群，应多考虑她们的劳动规律及需要。如果是孩子和老年人使用的话，就应该用比较容易开合并能容易看见内部物品的储物箱。如果是还不能把东西分类收纳的孩子，就可以在收纳空间使用一些网兜或挂钩，让孩子从挂东西开始学起。

## 三、收纳的频率

每个住宅空间是有限的，不仅要在有限的空间内收纳更多的物品，还要方便使用，所以使用的频率也是衡量收纳空间的标准之一。收纳空间可以划分为四个高度：

（1）经常使用的物品适合存放在手自然垂在身体两侧时，视线和指尖之间的空间。

（2）向上抬手的指尖到视线之间的空间与垂着的手指尖到膝盖之间的空间，可以存放次经常使用的物品。

（3）向上抬手的指尖以上的位置适合存放不经常使用的轻的物品。

（4）膝盖以下的位置常存放比较重但不经常使用的物品。

## 四、收纳的周期性

收纳空间的设计要同时对被存储物品的使用周期进行考虑，根据日常性、季节性或是永久性珍藏类来确定。

对于经常搬迁的家庭来说，收纳空间要考虑暂时性，最好是能方便拆卸和搬动。而对于固定居住的家庭，则需考虑收纳空间的永久性，如固定于墙面的壁柜、厨房里的吊柜等，这些在形式上亦可同整体空间格调互相融合。

合理设计这些收纳空间，无论是暂时性的还是永久性的，都可以弥补区域功能上的不足，适应居住者的生活习惯和不同空间的尺度。

## 五、收纳空间的形式及美化

在注重加大储存量和收纳实效的同时，也要讲究收纳空间本身对整个居住环境构成的重要影响。如今的收纳不再是一个隐匿杂物的简单家务劳动，更要通过收纳物品的合理性与条理性来充分体现空间美感的升级。从收纳空间的形式类型来分，可以归纳为开敞式和密闭式两种。

往往一些常用但装饰性较差的东西存放在密闭的收纳空间，这类空间要求较大的尺度，实用性强，如厨房的壁柜用来存放粮油、工具，衣柜用来存放四季的衣物、被褥等。对于封闭型收纳空间来讲，其外部的装饰材料需要认真考量。大尺度的收纳空间需要考虑材质的通透性，以避免造成空间沉闷拥挤的感觉，而且还可以配合其他装饰材料、绿化来创造兼具使用便利及美感的居住空间。

开敞式的收纳空间常用来陈列那些具有较强装饰性，起点缀作用的物品，这一类收纳空间讲究形式、材质，甚至配合灯光照明，成为住宅装潢设计中的视觉突出部分。应着重利用内部存储的秩序性，外部则要兼顾造型与所处环境的协调，以及考虑使用的材质与所储存物品的对比统一。

## 第二节　基础空间收纳设计

在收纳空间的实际设计中，通常可开发利用的收纳空间有三类：①室内构架形成的空间，如起居室、餐厅、厨房、卫生间等具有使用功能的空间。②在对室内家具设备进行布置时，形成的难以利用而闲置角落，如沙发和床的底部，家具衔接之间的空位等。③未被利用的家具内部。

### 一、起居室

起居室是整个住宅中来访客人第一个接触的场所，也是主人品位及住宅形象的体现。所以，起居室具备的大型家用电器、摆设品都要有条理地整理收纳。

在家具的选择上，可优先选购具有收纳功能的家具，利用家具的空腹解决多重收纳问题。例如：现代多功能茶几的设计不仅注重形式美，还可以方便收纳零碎的生活用品；多功能电视柜往往可以将电视机、音响等设备集中在起居室的一个立面上。

固定在墙面的搁板也是常见的收纳工具之一，根据住宅整体的软装风格及存放需要，制定不同材质和宽窄的搁板，错落在立面上，摆放装饰品和书籍杂志，形成独一无二的装饰元素。

### 二、餐厅

现代的餐厅往往与起居室连通形成一个空间，在缺少界面的空间中，由上而下的每一寸都可以设计收纳柜来使用，打造之前应考虑使用的需求，准确设定柜子的长、宽、高，以便合理地收纳物品。餐厅的收纳处还可以成为展示的地方，把隐藏于厨房餐柜中的餐具展示出来，既方便使用，又不失装饰性，增强视觉美感。

## 三、厨房

厨房的收纳空间可分为上、中、下三部分。上部吊柜适合摆放不经常使用的、跟随季节使用的物品，注意从正面看可以看到所收纳的物品。因为距离较高，要考虑使用者的使用范围，并尽量放置轻巧的物品，减轻吊柜的承重压力，保障取用时的安全性。

中部为厨房的作业界面，不方便放在收纳柜里的厨房用具或日常的油壶、调料盒、餐具的洗涤用品，如果随意摆放会影响到厨房作业的效率，可将配合使用的物品放于同一置物架上，例如：菜刀与砧板，以及各种瓶瓶罐罐的调味料。除了增加置物架外，充分利用挂钩，将物品挂于立面，可以轻松取用。

下部主要为较大的柜子及抽屉，形状各异的厨房用品可用隔板或适中的空盒子存放整理；水槽附近湿气重，适合放置各种烹饪器具，其他柜子则可灵活存储其他厨房用品。图 6–5 为一字形厨房的收纳图。

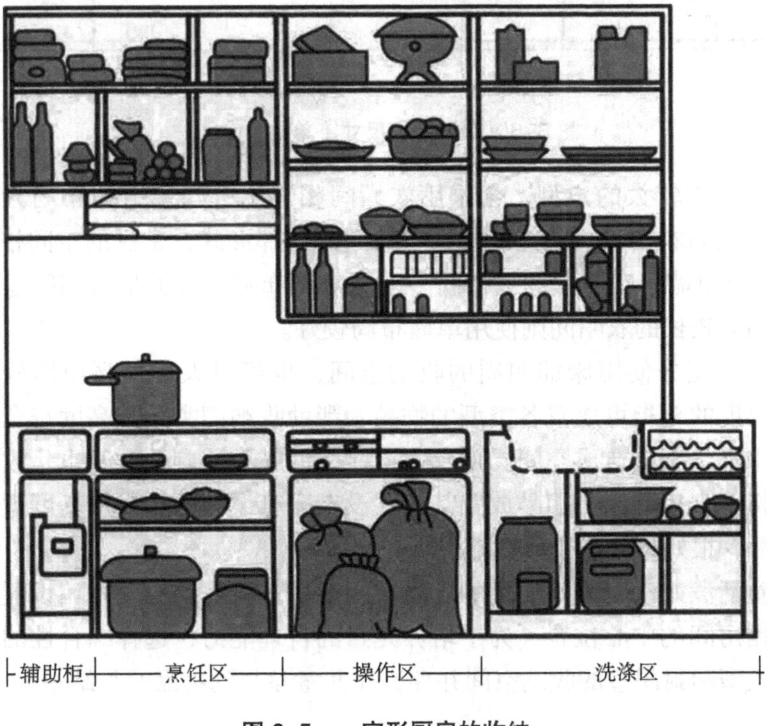


图 6–5　一字形厨房的收纳

## 四、卧室

卧室的收纳使用人群从年龄层来区分，可分为成年人和儿童。

卧室的衣柜要从整体美观及节省空间方面考虑，一般做成壁橱的形式，通过隔板和吊杆来形成衣物所需的放置空间。像这种靠墙设计的整体衣柜必须预留门片，0.50 ~ 0.71 m 是比较宽裕的收纳长度，顾及整体的装潢设计，门片的开合方式及造型、材质都要相协调。图 6–6 为常见衣柜的尺度。

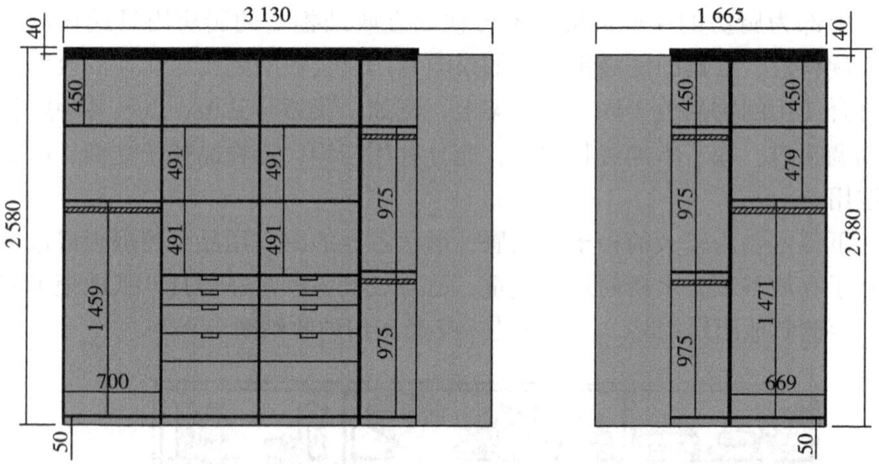


图 6–6　常见衣柜尺寸（单位：mm）

部分面积较大的户型，会采用衣帽间相连主卧与主卫的布局方式，使卧室有更大的衣帽收纳功能。根据衣帽间的内部形式，常见的空间格局有 U 形、L 形及单墙。正方形的衣帽间多采用 U 形布局，长方形衣帽间适合 L 形布局，相对狭长的衣帽间则使用单墙布局较好。

另外，充分使用床铺四周的收纳空间，也可以大大提高使用效率。例如：低尺度的斗柜可放置各类型的物品，帮助收纳归类，其高度符合平躺下的视野水平，不会造成空间局促感。一些床铺底下的剩余空间也是收纳的重点，可将不常用的床上用品放置其中，没有床箱设计的则可用高度适当的收纳筐代替，很好地隐藏于床底下。

儿童活泼好动，需要充足的玩乐空间，尽量将收纳空间靠墙设置，不要轻易占据房间的中心位置。为了培养儿童的自理能力，选择综合性的家具组合，开放型和封闭型的收纳空间并存，让儿童参与到物品的收纳中。

### 五、书房

由于使用者的不同，配合其学习、工作的需要，书房的布局有很大差异，可利用家具的布置形成不同作用但合理的区域，主要可以划分为工作阅读区和藏书展示区。

工作阅读区以书桌、电脑桌为主要家具。书桌的边角却常常被我们遗忘，所以要充分挖掘书桌边角的合理功能划分，减轻书写用品等细小物件对桌面使用面积的占用；还可将一侧桌脚做成开放式的小书架，摆放常用的书籍文件，方便存取。高效利用家具的边角位置，实现各种收纳需要。

藏书展示区要为书籍的取阅预留较大的展示面，因此，为了方便使用、节约空间，一般利用墙面来布置书籍文件陈列柜，满足书籍杂志和收藏物的收纳；当陈列架置于空间交界线的时候还可成为有用的空间隔断，一物多用。

### 六、卫生间

卫生间的设计现在越来越注重干湿分区，物品的收纳同样要根据使用的区域摆放。卫生间的开间进深相对住宅其他空间较小，靠墙安置的收纳空间成为首要选择，根据实际情况，收纳柜可以是封闭式或开放式的，开放式挂墙柜通常没有柜体的框架，只有搁架、搁板，视觉通透，可以兼具陈列的功能，适用于环境湿润干净的地方。在镜子背后设计成的储物空间，称为镜柜，可放置小巧的物品和药品。洗脸盆下的空间与厨房水槽下的空间一样，湿气较重，如在其中设计一个储物柜，要注意物品的防潮性。挂钩、横杆等金属构件也是卫生间常见的收纳用品，其充分利用了空间，便于存取物品。

## 第三节　玄关收纳设计

玄关俗称门厅，是指进入住宅室内时，室内外相连接与过渡的空间。玄关的面积不大，但是在住宅中的作用却很重要，功能上起到室内外空间的转换，也是人们进入住宅后留下的第一印象，是整个住宅空间的起点。

## 一、玄关的功能

现代住宅空间越来越关注人性化设计，玄关在整个空间中的作用和地位也越来越重要。玄关的主要功能有如下方面：

（1）衔接室内外的空间缓冲。玄关是一个家庭的门户，对于居住者来说，现代家居空间无论在生理和心理活动上，都需要一个合理、美观的缓冲空间来衔接室内外，调整人的活动节奏，完成从户外回到家中的状态转换。

（2）换鞋置物。作为家庭的入口空间，玄关是家庭成员回家后换鞋、换衣服、放置雨伞的空间，完成从室外到室内的清洁过程。所以，玄关也应该具有一定的储物功能。

（3）迎宾空间。玄关也是家庭成员对客人的迎送空间，客人到访或者离开，都应该有一个专门的节点，既能体现家具空间的有条不紊，又能显示对客人的充分尊重。

（4）空间划分。玄关还在住宅中起到空间划分的作用，通常玄关是入户门与起居室之间的一道屏障，或者说是一个转折，既要保持起居室的良好通风，减缓气流、降低噪声，又要使起居室与外界保持充分的私密性，起到视线遮蔽的作用。

（5）家庭第一印象。玄关是来访者进入家庭的第一个空间，也是对整个家居环境的第一印象，设计的风格与摆设品能反映出主人的审美和品位。

## 二、类型和设计手法

在不同户型的住宅中，玄关的面积大小有所不同，与起居室、入户门之间的位置关系也不同，要根据不同的情况在空间隔断、家具布置、界面设计、配饰设计上用不同的设计方法。

### （一）开放型玄关

开放型玄关在户型设计时并没有明确地限定玄关的区域与形态，往往入户门与起居室直接相连，来访者的视线可以直接贯穿至室内，有的甚至会穿过起居室、走廊到达房间门口，这样的户型如果不利用有效的改造手段，居住起来会缺乏安全感，而且气流与噪声都得不到有效的缓冲，长期居住对人体产生不好的影响。

开放型玄关，可以利用落地屏风或者多功能的收纳柜做出一个玄关，通常与入户门围合成L形，或者是与入户门平行的一字形，使得围合空间形成玄关的功能。

开放型玄关通常墙面、地面、顶棚与室内的起居室或者餐厅是连成一体的，所以在界面设计上，一般要跟随室内空间的界面设计，过多的界面分割会造成视觉上的凌乱和突兀，只需在玄关的位置加上照明的灯具就可以了。

如果是屏风作为隔断元素，可以将屏风作为玄关的视觉主体，屏风的风格要符合其他空间的整体风格。如果是多功能的鞋柜或置物柜，则可在柜内部的位置放置些小型的艺术品，适当装饰玄关空间。

### （二）过道型玄关

过道型玄关是指入户门两侧的墙体呈较窄的平行状态，将玄关空间挤压成一条过道的形态。这样的玄关狭而长，通常比较难设置家具和遮挡物。

过道型玄关通常比较难设置空间上的“迂回”，而要考虑的是尽量在过道两边布置鞋柜或者置物柜，家具的形体是较扁而较长的，在符合空间形态的同时满足基本的玄关功能。

在界面设计上，过道型玄关可将狭长的走廊型空间与起居室单独分开，在顶棚设计一些灯带和筒灯，对应的地面可以做一些大理石拼花设计，消除过道的冗长和单调感，但须处理好与起居室的连接转折处。如果是较小的户型，各界面就要与起居室采用同样的材质和做法，过分切割界面会造成空间更为琐碎。过道型的玄关在配饰设计上要更为谨慎，因为空间比较狭窄，只能在过道两边设置些小型的挂画来做些点缀，不适宜放置较大体积的软装饰品。

### （三）独立型玄关

独立型玄关一般出现在较大些的住宅户型中，一些大空间的别墅甚至可以将玄关处理成门厅的形态，形成客厅的前奏。这类型的玄关形态完整，空间充裕，能充分满足入户空间的各种实际功能与心理功能，提高室内空间的私密性、保洁性、安全性。

独立型玄关在做空间分隔时，要注意尽量保持玄关空间形态的完整性，可在与其他空间的交界处设置视觉通透的屏风或者隔墙，使得在形成明确的空间分区的同时，也能保持空间的连贯性与良好的视觉引导性。

独立型玄关如果面积充裕，可以设置独立的鞋柜、挂衣柜及穿鞋凳，一般设在入口方向的侧面，正面的位置可以设置现代的玄关柜或是中式的几案，与入户门形成空间上的对景关系。

独立型玄关，在做界面设计时可以保持相对的独立性，可以根据玄关的具体形态设计两个层次，在玄关的中心区域形成视觉中心。灯光根据顶棚的层次与造型，一般可设置常规的筒灯或者灯带照明，中心装饰吊灯用来配合中心区域的顶棚造型，墙面的射灯则可用来突出对景墙面上的大型壁画或者是玄关柜上的饰物。独立型玄关的地面设计一般采用天然石材做地面拼贴，根据设计风格，可选择不同类型的拼花设计。

独立型玄关在配饰上的选择层次较为丰富，配饰的设计重点一般在与入口对应的立面空间。以大型壁面作为玄关主景的空间要注意壁画的风格类型需与整体装饰风格相协调。一部分较高空间的门厅还要注意选择中心区域的装饰吊灯。

## 第四节　楼梯收纳设计

楼梯一般出现在复式或别墅等多层空间的大型住宅中，是用来连接上下楼层的垂直交通工具，在做室内设计时，要先弄清楚楼梯与各楼层的位置关系和形态。

而且，楼梯除了起到联系不同水平层空间的作用，本身也能起到装饰空间的效果，是住宅中的大型“立体雕塑”。

### 一、楼梯的形式与空间特点

在住宅类型中，楼梯主要出现在复式或跃层户型。楼梯在解决了室内垂直交通问题的同时，也占据了较大的空间面积，形成狭小无法进行日常活动的空间，巧妙地利用这个角落，可使楼梯同时赋予室内空间形式美和具体的使用功能。楼梯也具有一点的收纳功能：一是依据阶梯的高度，将上下阶梯之间的中空部位制作成隐藏的抽屉；二是将楼梯下的负空间做成嵌入式收纳柜，格状的柜子视觉通透，物品收纳条理清晰。

#### （一）双跑式楼梯

双跑式楼梯是最为常见的楼梯形式，比较节省空间，经济实用。梯段向上时，楼梯平台与下层地面产生的梯底空间可以用来做储物空间，同时也避免产生梯底空间死角。

### （二）L 形或 U 形楼梯

楼梯梯段经过一次 90° 转折成为 L 形楼梯，经过两次 90° 转折成为 U 形楼梯，两种形式的楼梯在空间上有较为相似的特点，它们的梯段与墙面或者梯段与梯段之间有一个围合的空间，可以在这个围合空间中设计由楼顶垂下来的灯饰或者空间雕塑，使楼梯看起来别有趣味。

### （三）T 字形一梯双跑楼梯

一梯双跑型的楼梯由地面向上的一段梯段分开，分别向两个反方向做 90° 转折，形成 T 形，这样的楼梯占地比较大，通常出现在较大规模的别墅空间中，看起来非常大气，在向上的梯段转向两边的转折处，对应的墙面上一般可设置大型的壁画、雕塑等艺术品，又或者设置跌水景观，使得转折处的垂直面看起来较为生动，从而使整个楼梯在住宅中成为一个亮点。

### （四）弧形楼梯

弧形楼梯是指梯段呈弧形的楼梯，若要达到消防和疏散的要求，一般要求弧度比较缓和，因此弧形楼梯也是占地面积很大的一种楼梯，一般出现在面积较大的别墅空间中。弧度小的旋转梯上下非常辛苦，且坡度较大，安全系数低，并不适合作为家庭日常的交通用梯，更不能作为消防疏散楼梯，只在一些特殊的户型设置。比如一些面积相对较小的跃层空间中，为了节省面积会使用弧度小的弧形楼梯，但这样的楼梯搬运家具非常困难，要尽量少用。

### （五）直跑梯

直跑梯是指没有休息平台，而由一个连续的梯段直接上到第二层楼层的楼梯，由于楼梯长度太长，而且行走的人太累，在住宅中较少使用。

## 二、楼梯的装饰手法

楼梯由踏步、扶手、栏杆等元素组成，这几个元素的装饰界面成为楼梯的视觉主体，在影响视觉效果的同时，也影响居住者的日常使用。

### （一）踏步与楼梯平台

楼梯的踏步有两个面，由平行于水平面的踏面和垂直于水平面的踢面组成，踏步的长宽比会影响到使用者行进的节奏和舒适度。

踏步的材质可以根据住宅整体风格来选择，不论何种材质都要求坚固、耐磨、防滑，一般常用材质有实木、石材。在家中有老人的情况下，可将踏面与踢面做不同颜色的材质处理，增加视觉辨识度，减少意外的发生。

楼梯平台与踏面的处理方法相同。

### （二）栏杆与扶手

楼梯的垂直维护面由栏杆和扶手组成。栏杆是楼梯中的重要保护设施，同时大片的垂直面也能起到装饰作用。一般栏杆分两种，一种是由平行的线条排列而成的栏杆，还有一种是垂直面为钢化玻璃的栏板。栏杆的高度要在 90 cm 以上，密度要能防止人体穿过，通常采用竖向栏杆设计，强度较好，且能防止小孩攀爬。一般栏杆的材质多用木或铁艺，具体材质的选择要视整个设计风格而定。

扶手是人手抓握的地方，扶手的材质要根据整个楼梯的材质和风格而定，一般栏杆的扶手多采用质地温润的实木。截面形状在符合人体抓握的舒适度的情况下，欧式或田园风格的栏杆多用圆弧截面的实木扶手，现代简约风格的栏杆多用钢化玻璃栏板配方形截面的实木扶手或金属扶手。

## 第五节　阳台收纳设计

阳台是一个住宅空间中唯一可以与外界的自然环境发生交流，获得直接的通风与采光的空间，也是室内空间向外的延伸，是将自然光和自然风引入室内的最佳途径，居住者需要通过这样的媒介实现居住的多种生活功能与需求。

阳台可分为工作阳台和观景阳台两种。现在许多家庭都将洗衣机设置在这一区域，功能使用较为单一。因此对此类收纳空间设计时要考虑竖向空间的使用，以加大储藏空间。对于观景阳台，首先要以满足视觉要求为重点，收纳空间的设计属于次位，根据实际情况进行合理利用，在有效地节约空间的同时获得丰富的空间效果。

在建筑结构上，阳台一般分为外凸的悬挑型阳台、内凹的嵌入式阳台，以及转角阳台等。由于气候的差别，阳台的形态又有着明显的地域性特色。阳台的设计要根据住宅的户型特点、居住者的实际需求及气候特点来具体制定收纳设计方案。

## 一、阳台的功能与分类

阳台首先要能满足日常生活中的基本功能，如洗衣、晾晒、储物、清洁等，为家居生活提供完善的生活设施。现代生活中对阳台的功能要求也越来越高，不仅要能提供基本的生活设施，还要使居住者能享受到良好的景观环境，以及提供更多休闲功能，使居住者的生活更为丰富多彩。

现今的住宅户型设计中，一般都会设计两个阳台，通常与起居室相连接的是景观阳台，与厨房或者餐厅相连接的是生活阳台。一般来说，起居室面宽较大时，伴随着阳台的面积也会比较大。起居室的景观朝向一般也是整个住宅中比较理想的，因此将与起居室连接的阳台作为景观阳台是比较合理的。而与厨房或者餐厅相连接的阳台一般面积略小，朝向、位置都略次于与起居室相连的阳台，用来作为满足生活基本设施的生活阳台则比较理想。

对于只有一个阳台的住宅，在设计时应以满足基本生活功能为第一原则，在面积富余的情况下，可以二者合一同时兼具生活阳台与景观阳台的功能。

### （一）生活阳台

生活阳台是家庭生活功能的完善，在各个家庭中是具有普遍性的，要合理地安排各类专业设施，以便能有条不紊地完成清洁类家务及其他工作。生活阳台需要设置洗衣机、干衣机、洗衣池、晾衣架等，以完成家庭的衣物洗涤、晾晒；需要设置拖把池，放置地拖、水桶、扫帚等清洁工具；还要有一定的储物设施用于家庭杂物、工具，以及部分粮食蔬菜的储存。

### （二）景观阳台

景观阳台多与起居室相连，在空间上是起居室的视觉延伸，在功能上是家庭休闲生活的扩展。家庭成员可在茶余饭后在景观阳台交流谈心，增进彼此的感情；也可以在清晨、傍晚，在景观阳台进行健身锻炼，吸收更多的阳光和新鲜空气。景观阳台是欣赏美景的最佳空间和位置，因此，景观阳台的功能是多样化与个性化的，可根据每个家庭的具体喜好和需求设置各种户外家庭休闲设施，如茶台、休闲座椅、健身设施、植物花架等，将景观阳台设计成一个植物层次丰富，休闲设施齐全的小型“空中花园”。

## 二、阳台的设计原则与要点

（1）阳台的设计不能影响或改变建筑的外立面和外观，不管做哪一种防护网或者是植物种植，都不可形成明显的增加立面效果或者是飘出阳台，改变所在建筑物外立面，影响城市市容。

（2）阳台原本就是作为住宅室内空间交换空气、接受阳光的空间媒介，设计时尽量不要将其封闭，以保证室内能借助阳台获得最佳的采光与通风。

（3）阳台几乎完全暴露在室外，长期受日晒雨淋，因此阳台设计所用的材料以及家具都要防水、防腐且安全耐用。常用的材料有石材、瓷砖、马赛克、钢化玻璃等防水材料，木材与金属材料要做防腐防锈的特殊处理。家具可选用经过防水处理的藤制户外家具，看起来也比较有生活气息。

（4）现代住宅楼层一般比较高，因此阳台设计还应注意安全问题，所有材料、设施、家具、绿植要固定在阳台上，以防不慎跌落或高楼横风吹落伤及行人。阳台栏杆的高度从可踏面算起，必须在 1 m 以上，如果家中有儿童，阳台栏杆还应设置隐形防护栏杆以确保儿童安全。

（5）阳台设计还必须根据方案设计上各电器及设施的位置预先埋设好水电管线，以保证装修完成后各设施能顺利工作。除此之外，阳台是户外空间，必须做好排水找坡设计，以及下水顺畅的地漏设置，以防大雨暴雨时雨水倒灌。

（6）阳台是住宅空间中接收阳光最多的空间，可根据个人喜好设置层次丰富的植物或者盆栽，除了能净化室内空气，也能给居住者提供一个休闲健身的良好环境。选择阳台植物种类时应充分考虑地域气候特点与阳台朝向，合理选择适宜生长的种类，有的常绿，有的四季开花，花叶形态各异，经过精心搭配可形成丰富美观的阳台种植群落，起到美化空间环境的效果。但在追求层次丰富的绿色植物的同时，要注意不可挑选过大过重的植物或者种植器具，以免对阳台造成过大负荷。

# 第六节　走廊与过道的收纳设计

由于住宅的工业化生产要求，室内空间在标高上整齐一律，住宅中的走廊和过道部位仅仅用来解决交通问题，我们可以在多余的高度设计顶柜来处理顶棚，一方面用以收纳，另一方面用于改善空间尺度，形成对比。

## 一、设计原则

走廊和过道属于住宅公共空间的一部分，在住宅中又常常是比较狭长和幽暗的，除了小部分单边式的走廊有采光之外，其他类型的走廊和过道通常是没有自然采光的。因此在走廊和过道的设计上要注意以下两个方面：

（1）风格和造型与整体空间保持协调统一，做好各空间的衔接。很多起居室与房间的连接，通常由一条走廊开始，走廊的风格与造型要与其他空间相协调，尤其要注意空间转折处的衔接处理。

（2）尽量消除狭长走廊的单调感和幽暗感。在没有自然采光的情况下，走廊的原始状态通常会显得比较幽暗和冗长。走廊和过道设计的另一个原则是要尽量打破行进中的沉闷和单调感，用空间和界面设计的手法使走廊和过道产生一定的节奏，增加行走的乐趣，在一些较大的住宅中，走廊的转折处或者节点上，甚至可以形成一些停留或者小坐的空间，既实用，又起到了调节行走节奏的目的。

## 二、界面设计

### （一）顶棚

一般在走廊和过道中有很多梁与管线穿过，顶棚设计的一大功能就是合理遮蔽梁架结构，隐藏管线，所以走廊的吊顶相对起居室和餐厅来说就变得低沉。因此，在走廊天棚设计中，最重要的是注意与外部公共空间交接转折的位置要过渡衔接得自然，避免突兀的造型。面积大些的住宅，可以根据走廊的具体形态对天棚做一些层次设计，或是根据两旁空间的变化做一些横向的节奏变化。小户型的走廊设计，基本以连续的平吊顶为主，增加空间的整体感。

走廊的灯光设计，一般以均匀而连续的筒灯作为常规照明，有的也可以根据顶棚造型设计些灯带，顺着走廊行进的方向，可增强空间的引导性和视觉整体性。也可在两边的墙面设置壁灯或者射灯，增加视觉的趣味性。

### （二）立面

走廊和过道的立面设计，不适宜做过大的造型，以免压占走廊空间，影响正常行走，且一般采用连续的材质设计，使空间产生连贯性。根据走廊与两边空间的具体形态，可适当做些小细节设计，比如嵌入式展示架，加上灯光设置，消除走廊的沉闷感，增加空间趣味性。走廊尽端可采用对景的手法，在墙面设置挂画，或者地面放置艺术品，形成走廊的空间与视觉节点。

走廊上各个房间的房门要注意高度和样式的统一，以及房门的色彩和材质与整个走廊设计风格的协调性。在做各房间的具体平面布局时，要注意走廊上各房门彼此的位置关系，在保证各空间功能布局正常的情况下，尽量使房间门错开以保持空间的私密性。

### （三）地面

走廊和过道的地面设计首先要遵循保持空间畅通的原则，尽量在顶棚和立面上做文章，而简化地面的造型设计，使地面保持平整，只在色彩和图案上做些变化。走廊和过道的地面通常与外部空间有一定的视觉联系，材质上多用实木、大理石、瓷砖等，如使用石料的拼花铺贴，要注意用收边线处理好与各个房门的关系与中轴对称关系，使得走廊的空间保持一定的视觉完整性。

# 参考文献


［1］［美］威廉·T. 贝克 . 住宅室内与景观设计［M］. 贺艳飞，译 . 桂林：广西师范大学出版社 .2018.

［2］［日］山崎建一 . 室内住宅设计图解［M］. 牛冰心，陈兵，译 . 北京：中国青年出版社 .2017.

［3］［日］中山繁信 . 室内设计与住宅构造详解［M］. 欧阳可文，朱波，董立惠，译 . 北京：中国青年出版社，2015.

［4］曹瑞林 . 室内设计［M］. 开封：河南大学出版社，2011.

［5］陈卢鹏 . 室内陈设设计［M］. 哈尔滨：哈尔滨工程大学出版社，2015.

［6］陈鹏，高宏智，杨锦雁，等 . 室内住宅设计实训［M］. 成都：西南交通大学出版社，2014.

［7］陈帅佐，杨骏，周彤，等 . 住宅室内设计［M］. 北京：中国水利水电出版社，2013.

［8］戴昆 . 室内色彩设计学习［M］. 北京：中国建筑工业出版社，2014.

［9］高钰．室内设计风格图文速查［M］．北京：机械工业出版社，2010.
［10］何杨，吕柠妍．住宅室内陈设设计［M］．长沙：湖南大学出版社，2019.
［11］侯熠，谭婕姝．住宅室内设计［M］．天津：天津大学出版社，2017.
［12］黄艳．陈设艺术设计［M］．合肥：安徽美术出版社，2006.
［13］简名敏．软装设计师手册［M］．南京：江苏人民出版社，2011.
［14］敬威，吕光，张辉，等．住宅室内设计［M］．北京：中国民族摄影艺术出版社，2012.
［15］康海飞．家具设计资料图集［M］．上海：上海科学技术出版社，2008.
［16］李朝阳．室内空间设计［M］．北京：中国建筑工业出版社，2002.
［17］李徽．现代室内设计与应用研究［M］．长春：吉林大学出版社，2016.
［18］李江军，江霞君，罗晓芩，等．软装设计元素搭配手册［M］．北京：化学工业出版社，2017.
［19］吕微露，张曦．住宅室内设计［M］．北京：机械工业出版社，2011.
［20］吕永中，俞培晃．室内设计原理与实践［M］．北京：高等教育出版社，2008.
［21］［美］约翰·派尔．世界室内设计史［M］．刘先觉，译．北京：中国建筑工业出版社，2003.
［22］沈毅．设计师谈家居色彩搭配［M］．北京：清华大学出版社，2013.
［23］苏丹．住宅室内设计［M］．北京：中国建筑工业出版社，2005.
［24］王晖．住宅室内设计［M］．上海：上海人民美术出版社，2011.
［25］吴卫光．住宅室内设计［M］．上海：上海人民美术出版社，2017.
［26］徐长玉．家居装饰设计［M］．北京：机械工业出版社，2009.
［27］严建中．软装设计教程［M］．南京：江苏人民出版社，2013.
［28］张玲．住宅室内设计原理［M］．长春：吉林科学技术出版社，2019.
［29］朱昌廉，魏宏扬，龙灏．住宅建筑设计原理［M］．北京：中国建筑工业出版社，2011.
［30］张莉，刘文峰．住宅室内设计实训教程［M］．西安：西北工业大学出版社，2016.